Kaapverdië

Kaapverdië

Ada Rosman-Kleinjan

Kaapverdië

Het zout van Sal

Copyright © Ada Rosman-Kleinjan reizen en schrijven
1^e druk 2024

Foto voorkant: op het strand van Santa Maria
Foto achterkant: Capela Nossa Senhora De Fátima Sal

Wombat reisboeken
www.adarosman.nl / info@adarosman.nl

Herstellung und Verlag: BoD – Books on Demand,
Norderstedt

ISBN 9783759705679
NUR 508

Fotografie: Jan Rosman
Landkaart en omslag: Wim Wisman
Opmaak binnenwerk: Wim Wisman / Ada Rosman-
Kleinjan
Taalredactie: Rinus Morsink
Verhaalredactie: Anika Redhed

Inhoud

'Wie reist leeft dubbel'
– Bertus Aafjes

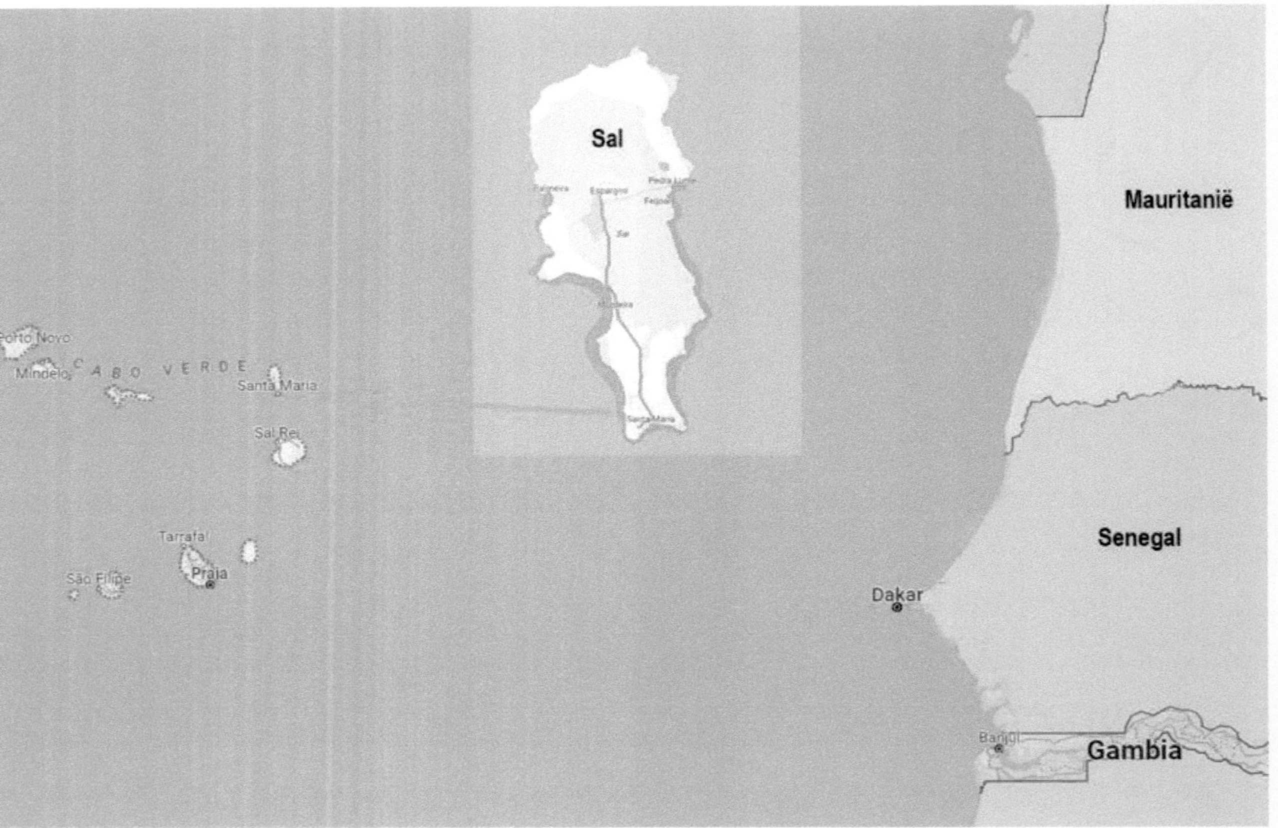

Mauritanië
Senegal
Gambia
Dakar
Banjul
Sal
CABO VERDE
Porto Novo
Mindelo
Santa Maria
Sal Rei
Tarrafal
Praia
São Filipe
Espargos
Palmeira
Pedra Lume
Feijoal
Santa Maria

Naar Sal

Het vliegtuig zet de daling in en ik zie kale rotsen, wegen die zich als lintwormen over en door de rotsen bewegen en palmbomen die ons vanaf de grond van harte welkom heten. De formaliteiten gaan vlot, we hebben alleen handbagage en de bus die de passagiers bij alle accommodaties af zal zetten is snel gevonden. We hebben mazzel; ons resort is de eerste stop, waar we, samen met een Duits echtpaar, uitstappen.

Het eiland oogt onbewoond en zo oogt het Vila Verde Resort ook. Er kunnen hier honderden mensen verblijven. Het lijkt een dorp; alleen de kerk ontbreekt. We melden ons bij de receptie, waar een vriendelijke vrouw onze komst bevestigt en vraagt om nog geduld te hebben. Ja, ze kan geld wisselen en snel wissel ik vijftig euro voor escudo's. Misschien is het niet nodig, want je kunt bijna overal met de euro betalen, maar geld van het land zelf is prettig en meestal voordeliger. In de ruimte staan geriefelijke banken en er hangt mooie, Afrikaanse kunst aan de muren. Kleurrijke afbeeldingen uit het dagelijkse leven, zoals vrouwen die de was doen en vissers die de vangst van de dag binnenhalen.

Om de hoek is een coffeeshop; dat lijkt ons een prima plek om te wachten en ik bestel twee cappuccino's. Om ons heen kijkend, zuigen we de eerste indrukken van een nieuw land in ons op.

Sal is een van de grootste eilanden van de tien die samen het Afrikaanse land Kaapverdië vormen. Kaapverdië is Afrika en Afrika fascineert ons. Een grote lappendeken van verschillende landen. Elk land uniek, elk land anders, elk land de moeite waard.

Ja hoor, kom maar, weet een man ons duidelijk te maken en nodigt ons uit om op een golfkar te gaan zitten, zodat hij ons weg kan brengen. Hoe groot is het hier? De kleuren knallen ons tegemoet. Kanariegele gebouwen, blauwe luchten en hardroze bloemen; het verhult bijna dat er achterstallig onderhoud is. In de tuinen liggen waterslangen die voor het nodige vocht zorgen. Oranje hibiscus bloeit frivool en een meisje met een dikke bos haar met witte strik lacht haar liefste lach naar ons. Kinderen spelen en voetballen met elkaar, het geeft ons de indruk dat er mensen permanent wonen.
De winkels op de begane grond van alle complexen staan leeg; her en der loopt een personeelslid of een gast. De pizzeria heeft lang geleden de laatste pizza verkocht. Er zijn diverse grote woonblokken die allemaal een eigen zwembad hebben. In een van de winkels op de begane grond is een makelaarskantoor gevestigd. Er worden op dit complex diverse appartementen te koop aangeboden.
Er gaat een wereld voor ons open als de man de deur van ons appartement van het slot draait in Calistemon in Bloco C. Wat een ruimte! Een grote woonkamer met een eethoek, vier stoelen, een salontafel en een grote televisie. Een prima ingerichte keuken inclusief een oven, magnetron en zelfs een wasmachine. De gang leidt naar een slaapkamer met twee uitnodigende bedden en nachtkastjes. Zouden hoteleigenaren wel weten hoe blij hun gasten worden van een simpel nachtkastje? Een badkamer met ruimte voor onze spullen en dikke, wollige, witte handdoeken. Het appartement is functio-

neel; kale muren, de lampen branden allemaal, het is
brandschoon en schone vloertegels nodigen uit om op
blote voeten te lopen. Dat is alles en voor ons meer dan
voldoende.
Maar… het klapstuk zijn de twee balkons met goed
zittende, plastic stoelen en dat is een uitzondering in
Afrika. Hoe blij kan ik zijn? Dat de wind ons bijna van
de balkons afwaait doet niet ter zake; hij laat de
palmbomen ritselen als een regenbui. De gele en witte
gebouwen met de groene luiken passen op de een of
andere manier perfect bij een eiland. Eilanden zijn
frivoler, alsof hier meer mag dan op het vasteland.
Eilanders zijn eigenzinniger, trekken hun eigen plan,
maken hun eigen regels. Ik voel me prettig op een
eiland; het heeft iets beschermends.

We lopen naar de buurtsuper, die elke dag open is en
letterlijk om de hoek ligt. Potten, pannen, borden, handdoeken; het aanbod is gevarieerd. Wij houden het bij
broodjes, bananen, eieren, yoghurt, crackers, koekjes en
een fles ranja. De etiketten op de flessen wijn zijn
prachtig; plaatjes van vervlogen tijden waar mensen het
land bewerken en oude landkaarten. Diverse wijnen
met verschillende *Cabo Verde Na Coraçon* etiketten.
De inhoud interesseert me niet, de etiketten des te meer.
Een fles wijn met een etiket van een vogel en een fles
waar een varken opstaat, het prikkelt mijn fantasie. Het
leukste is echter de *Calvé mayonaise* met de smaak
mad chips met een afbeelding van patat op de fles. Die
kenden we niet.

We pakken onze weinige spullen uit en ik zet mijn
koffie c.q. theedoos op het aanrecht. Alle boodschappen
gaan vlot in de kastjes en ik kijk tevreden om me heen.
Wij zijn thuis, dus tijd voor koffie! Maar waar is de
waterkoker? Op onze reizen neem ik mijn innig gelief-

de waterkoker mee. In onze volledig ingerichte keuken zou er wel eentje staan, dacht ik. Geen waterkoker en geen koffiezetapparaat. Ik trek de kastjes open en haal er een gifgroene steelpannetje uit: wij hebben een ketel en ik heb thee en oploskoffie! Ik zet de ketel op het fornuis.

Op pad

'We kunnen lopend naar de stad gaan. Het is amper drie kilometer en er is een goed wandel- en fietspad,' stel ik voor.

We voegen de daad bij het woord, wandelen het terrein af en zien de stad in de verte liggen. De auto's zien er prima uit en houden zich aan de maximale snelheid. Ik heb niet het gevoel in een Afrikaans land te zijn. Alles ziet er zo netjes uit. Hoewel…

We steken de vierbaansweg over naar de plek waar vier auto's tot aan het dak in het zand zijn begraven. Er staan meer gedeukte wagens op het terrein. Een of ander circuit, concludeer ik. En dan zijn we weer een beetje in Afrika, want niemand kijkt ervan op dat twee mensen deze troep op de foto zetten. De vier in een ver verleden blauwe auto's staan keurig op een rij. De wereld bestaat hier uit twee kleuren: het bruine zand en de blauwe luchten, die naadloos overgaan in het blauw van de autokarkassen. We lopen verder en passeren een groot, oranje gebouw met groene louvredeuren. Het doet me denken aan Saint-Louis in Senegal. Niet zo gek, deze eilanden liggen zevenhonderd kilometer voor de kust van Senegal en Gambia.

Het is heerlijk lopen. De wind waait er lustig op los en zorgt voor een zanderige sfeer. Een grauwwit betegelde woning fleurt op door oranje struiken en een blauwe zwaardvis met een eng oog en de bek wijd open zwemt - verscholen achter de bloemen - op de muur voorbij.

We zijn sneller in Santa Maria dan gedacht. Grote, gekleurde letters op een rotonde heten ons van harte welkom. We lopen de stad verder in en belanden als vanzelf in de gezellige winkelstraat waar gemotoriseerd verkeer is verboden en fietsers alleen met de fiets aan de hand mogen komen. Iedereen houdt zich netjes aan de regels. Gele, plastic stoelen nodigen ons uit om op dit terras te gaan zitten. De cappuccino's zijn groot, schuimig en belanden direct in de top tien van de lekkerste koffies ooit.

We wandelen de stad verder in en zien dat de foodtruck Hamburger Xinda de zaak niet open heeft. Het lijkt op een door een hobbyist - zonder enige ervaring - in elkaar geknutselde caravan. Alles met de hand beschilderd; simpele afbeeldingen van een snoepje, een hamburger en een omelet moeten klanten trekken. Wat is het genieten om een stad voor het eerst binnen te lopen en gelijk zoveel moois te zien. Er loopt een knappe meid voorbij met lange vlechten en een grote, oranje gasfles op haar hoofd. Maak maar een foto, lacht ze als ze me ziet kijken. In haar ene neusvleugel een gouden ringetje, in de andere een klein knopje. Ze heeft mooie tanden en een lieve lach op haar gezicht. Ze bedankt mij voor de foto als ik haar het resultaat laat zien. Bij een gesloten kledingzaak zijn twee vrouwen op hoge punthakken op de muren afgebeeld. Drie mannen spuiten - na een gewonnen wedstrijd - een fles champagne leeg op een oranje woning met een vrolijk geblokte voordeur. Het dak is de zee waar een surfer vanaf komt zeilen. Dit alles vormt een contrast met een kaal huis waar geen spatje kleur aan te ontdekken valt. De houten luiken en deur zijn gesloten en de tijd knabbelt elke dag verder aan het gebouw.

Een vrouw met een krat gevuld met boodschappen op haar hoofd loopt ons in een flink tempo voorbij. Wij eindigen op het terras met de gele stoelen en bestellen weer een grote cappuccino.
'Als jij hier blijft, ga ik naar de bank om geld te wisselen,' zegt Jan en loopt naar de bank.
We hebben voldoende euro's meegenomen. Voor onverwachte, grote uitgaven hebben we de creditcard. Toen ik deze reis aan het voorbereiden was, kwam ik er snel achter dat cash wisselen het handigste en het goedkoopste is.
'Het is makkelijk omrekenen, honderd escudo's is één euro. Het beste is om met escudo's te betalen, de banken ronden alles af in hun voordeel. Alles ging erg vlot,' zegt Jan die niet veel later met het geld in de hand aan komt lopen en naast me gaat zitten.

Santa Maria

De Engelse journalist Archibald Lyall in 1983 over Santa Maria.

'Nooit heeft een plaats een betere naam gekregen dan deze twee tot drie dozijn huisjes aan de treurige kust. Er is geen vegetatie en er is niets anders te doen dan ons te wapenen tegen de onophoudelijke wind die het zand in ons voedsel, keel en kleren blaast. Als de mensen zich met rode ogen terugtrekken in hun met olie verlichte huizen met luiken, komen de grote witte krabben uit de zee en marcheren als een regiment soldaten door de straten.'

Ik kan hier uren zitten, kijken, cappuccino drinken en foto's maken. We moeten echter op ontdekking. Hoewel het personeel ons niet van het terras kijkt, voel ik toch enige druk om weg te gaan. Ik betaal en krijg een mix van euro's en escudo's terug en we wandelen naar de pier waar de vissers hard aan het werk zijn met de vangst van de dag en waar ik mijn eerste wasje van de reis scoor. Het is leuk om die te vangen op een foto. Mensen overal ter wereld wassen hun kleding, die vervolgens aan lijnen, over struiken en balkons, op de grond of omheiningen wordt gehangen om te drogen.
Op het strand zit een man in het zand met een mutsje op het hoofd. Zorgvuldig schildert hij de letters CALHET A op de boot. Met een minzaam knikje geeft hij me toestemming om een foto te maken. In grote, plastic bakken liggen vissen te happen naar lucht. De zee is onnatuurlijk azuurblauw. Nooit eerder zagen we de zee zo blauw, zo puur, zo schoon en zo betoverend.

Een klein jochie zit op een paal en kijkt naar zijn toekomst. Houten bootjes komen volgeladen met vis binnenvaren. Ze hebben allemaal een naam die door de zon en het zout amper te lezen is. Jesus Cristo is de enige die ik kan lezen. Een man tilt een te zware zak met vis uit de boot, de zak knapt en de vissen spartelen op de grond. Een andere man rust uit na gedane arbeid en zit op een grote stapel drijvers tegen de muur een sigaret te roken. Op een houten tafel maakt een stevige man de gevangen vis schoon. Twee corpulente vrouwen zitten op de pier, de benen recht vooruit, en wisselen de laatste nieuwtjes uit. Water en vissers zorgen altijd voor reuring.

Bij een winkel liggen grote haaienschedels te bleken in de zon. Souvenirs? Wie zou zoiets kopen? Ik denk dat je het land er niet mee uitkomt en zeker Nederland niet mee binnenkomt. Ik kan me niet voorstellen dat je dit op de schoorsteenmantel wilt hebben. We slenteren verder en zien een leuk terras.
'Jazeker hebben we een lunchkaart,' zegt het meisje met een grote lach op haar gezicht.
De prijzen worden in escudo's en euro's aangegeven; voor het gemak wordt alles afgerond. Ik ga voor een omelet gevuld met spinazie en champignons, een schaaltje yoghurt met muesli en honig en een sapje. Het ziet er lekker uit en smaakt verrukkelijk.
Met hernieuwde energie gaan we de stad verder verkennen. Op een blauwe muur zijn twee bruine handen geschilderd met smetteloos witte nagels gevuld met groente en fruit. De afbeelding is in 2021 gemaakt en ziet er perfect uit. Grote agaven staan voor het Top Local-restaurant 'Try Grandmother's Cooking'. We wandelen verder en belanden in een straat waar alle huizen in zachte tinten zijn geschilderd. Het ziet er bij-

na te netjes uit. Geen afval, geen mensen op straat, het kon het decor van een film zijn. Toch, een teken van leven als ik een wasje zie hangen tegen een roze en zalmkleurige muur. Wat een wereld van kleuren. Archibald zou raar opkijken als ie nu hier zou zijn. Het is Afrika met een Caribische twist.

'Zullen we met zo'n klein busje teruggaan?' stel ik voor.
De busjes zijn schoon, iedereen heeft een eigen plek en ze vertrekken wanneer alles bezet is. Zelfs de kinderen hebben een eigen stoel en niemand heeft bagage op schoot. Wachten in Afrika is nooit erg en zo gauw we instappen, komen er meer mensen en binnen een paar minuten vertrekken we en zijn snel terug bij ons eigen huis met witte muren en groene luiken.

Mussolini, vliegvelden en toerisme

Ik blader in mijn Bradt-gids. Natuurlijk halen we veel informatie van het internet en is mevrouw Google onze vaste reisgenoot, maar een gids in mijn handen is en blijft heerlijk. Het boek wordt tijdens het reizen smoezelig, bladzijden krullen om, vlekken verschijnen ineens en ik maak er aantekeningen in. De Bradt heeft altijd onze voorkeur, vooral als we door Afrikaanse landen reizen. Ik ben op zoek naar meer info over Sal als mijn oog ineens op de naam Mussolini* valt. Wat hebben de Italiaanse dictator en dit kleine eiland met elkaar te maken? Ik lees dat de vooruitgang begon in het begin van de twintigste eeuw toen Mussolini op zoek was naar een geschikte plek voor zijn vliegtuigen om te tanken wanneer ze op weg waren naar Zuid-Amerika. De Portugezen verkochten hem de rechten om een vliegveld op Sal te bouwen. In 1945 kocht de regering deze weer terug. Vanaf die tijd kwam de vaart erin en ontwikkelde de stad Espargos zich mee. Zuid-Afrika was ook ingenomen met dit vliegveld. Gedurende de jaren van de apartheid, toen de Zuid-Afrikaanse vliegtuigen nergens welkom waren op het Afrikaanse vaste land, konden ze wel terecht op Sal. Door deze stop ontstond er behoefte aan hotels voor het vliegtuigpersoneel; de eerste stap op weg naar het toerisme was gezet. Hoe ironisch kan het zijn. Tot op de dag van vandaag is het vliegveld een grote bron van inkomsten door de opslag van kerosine. Voeg daarbij de visindustrie en het toerisme en je hebt de drie pijlers van de economie op Sal. Met name bij Europeanen zijn deze eilanden geliefd. Ook zijn er mensen geïnteresseerd om te investeren door hier een huis te bouwen. Vooral bij de Britten en de Ieren is het populair. Er zit echter een keerzijde aan deze investeringen. Door de economische crisis in 2009 bleven veel investeerders met half afgebouwde woningen en niet betaalde rekeningen achter. Hoe authentiek blijft een land wanneer het een plek wordt waar buitenlanders in investeren en er vaak niet het hele jaar wonen? Op dit grote complex wonen heel wat mensen permanent. Het zorgt voor reuring van voetballende kinderen, scholieren die op de fiets naar school gaan en vrouwen die in de supermarkt hun boodschappen doen.

Op de parkeerplaats staan de auto's van de bewoners en dat geeft ons het gevoel in een mini-dorp te wonen in plaats van op een resort te vertoeven. Daar zal over een paar dagen onze huurauto staan. Bij de receptie was het in een mum van tijd geregeld. We gaan ervan uit dat het hotel alleen met betrouwbare bedrijven zaken doet en mocht er een probleem zijn dan kunnen zij ons helpen. Alle mensen bij de receptie spreken goed Engels en dat maakt alles makkelijker. Heerlijk, ik kan me er nu al op verheugen.

*Benito Amilcare Andrea Mussolini was een Italiaans politicus, journalist en onderwijzer. Van 1922 tot 1943 was hij minister-president van Italië. Na de mars op Rome in oktober 1922 kwam Mussolini aan het roer van dit land en maakte hij van Italië een fascistische staat.

Straatkoffie

Op de deur van onze supermarkt is een grote sticker bevestigd dat het verboden is met een dier, op rolschaatsen of in badkleding binnen te komen. Die laatste waarschuwing had men ook overal in Santa Maria moeten plakken. Het is stuitend en ronduit beschamend om te zien hoe sommige toeristen gekleed gaan, mocht je van kleding kunnen spreken. Te weinig stof voor te veel wit vlees, vetrollen en behaarde lichaamsdelen. Waarom die mannen denken dat het een goed idee is om met een ontbloot bovenlijf door de stad te lopen, is een raadsel. Vrouwen in te krappe broekjes en bh's die vele maten te klein zijn. Ik heb de neiging om me te verontschuldigen voor deze mensen.

Wasgoed hangt alweer te drogen en kleurt de omgeving en de balkons. De wind wappert alles droog en laat de palmbomen kreunen en kraken en zorgt voor een duwtje in onze ruggen als we naar de stad lopen. Mijn gedachten gaan terug naar vroeger, op de fiets naast mijn vader die zorgzaam zijn hand tegen mijn rug duwde om het fietsen wat makkelijker te maken.
Lopend valt er zoveel meer te zien en ik spot een muurschildering - alsof ik op zoek ben naar dieren in Afrika - die bij nader inzien een reliëf in de muur blijkt te zijn van een man met een saxofoon en een booskijkende zangeres. Ik maak een foto, omdat ik dat nu eenmaal doe, maar het is geen aansprekend tafereel.

'Kijk eens naar die man? Volgens mij verkoopt hij koffie Touba,' wijst Jan naar een man met een grote thermoskan, bekers en enkele klanten die bij de koffieverkoper staan.

Aan een rooster hangt een zwarte tas met een afbeelding van een kop koffie en de tekst *Café Touba Always a great idea.* En zo is het maar net. We lopen verder en spotten nog een koffiemeneer. Nu we er eenmaal één hebben gezien, zien we er meer. Altijd mannen. Een hippe man met vlechtjes in zijn haar, bontgekleurde blouse, klein ringbaardje, kralen om zijn hals en een moderne spijkerbroek met gaten, heeft voldoende voorraad.

'Touba Coffee?'* vragen we.

Hij kijkt ons vragend aan en knikt aarzelend.

'Graag twee,' zeg ik.

Hij pakt zijn spullen ons verbaasd aankijkend. Nee, geen suiker weet ik hem duidelijk te maken. Er gaat eerst oploskoffie in de papieren bekers en daarna heet water.

'Melk erbij?' vraagt ie.

Ik knik. Uit zijn broekzak pakt hij een flesje met melkpoeder en schudt wat bij de koffie, schenkt alles een paar keer over en de koffie is klaar. Voor een euro twee bakkies. Ik neem mijn beker mee en ga op de stoep van een schoenenwinkel zitten om zo volop van mijn eerste Kaapverdische straatkoffie te genieten.

Bij een winkel hangen grote schilderijen, tenminste dat denk ik. Wanneer ik beter kijk, zie ik dat alles gemaakt is van kleine lapjes stof. Prachtige afbeeldingen van Afrikaanse vrouwen die druk met een stamper en een vijzel aan het werk zijn. Baby op de rug en slippers aan de voeten. Een vrouw houdt met haar hand een vis vast die op haar hoofd ligt, beelden die we hier niet gezien hebben. Een man komt naar buiten als hij mij ziet.

'Ze kosten maar honderd euro en ik rol het netjes voor je op zodat je het handig mee kunt nemen,' zegt hij. Hoe mooi ik het ook vind, ik zou niet weten waar ik het thuis op moet hangen. We knikken elkaar vriendelijk toe en lopen verder. Een grote muurschildering trekt mijn aandacht. Een vrouw met een brede lach, gouden hangers in haar oren, een paarse hoofddoek, geel shirt en de blauwste ogen ooit, kijkt frank en vrij de wereld in. Een donkere vrouw met blauwe ogen, dat is opvallend. Misschien een spoortje DNA van de Portugese, koloniale overheersing?

Oude autobanden zijn beschilderd met bloemen en krijgen hier een tweede leven als bloempotten. Grote agaven steken hun bladeren naar boven. Er ligt van alles tussen de bladeren. Achteloos rommel weggooien is iets dat elk land treft. Al slenterend zijn we als vanzelf op het terras van Genuine - we zien nu pas hoe dit restaurant heet - beland waar de serveerster ons herkent. Het leven trekt in een aangenaam tempo aan ons voorbij. Aan de overkant heeft een man de ene kant van een ladder op de rand van het dak en het andere einde op de koepel gelegd. Hij kruipt er op handen en voeten overheen, pakt een bezem en poetst de witte koepel schoon. Hij heeft beslist geen last van hoogte- vrees, ik kijk gefascineerd toe. Geen steiger, geen veiligheidskoord of stevige werkschoenen die voor de nodige grip kunnen zorgen. Alleen een vrouw op een terras die hoopt dat alles goed zal gaan.

Een vrouw met een blauwe koelbox op haar hoofd loopt voorbij en keurt de man geen blik waardig. Niet veel later passeert een corpulente witte vrouw ons ter- ras. Ze draagt een string die totaal tussen haar billen is verdwenen. Ik zie alleen nog het boordje om haar middel. Over haar kont hangt een wijde broek van gaas.

Ze loopt gewoon in d'r blote reet over straat. Mijn ogen volgen haar vanzelf.

'Wat ongelofelijk onbeschoft,' zeg ik tegen de serveerster die mij ziet kijken.

Ze haalt haar schouders op, zij is duidelijk meer gewend op dit gebied dan ik.

'Mag ik jullie bekers meenemen? Ik heb er niet genoeg,' zegt de vrouw. 'Jullie kunnen lekker blijven zitten hoor,' komt er achteraan.

Natuurlijk mag dat, knik ik naar haar.

'Zijn we toch in Afrika,' lach ik naar Jan.

Voordat we verder gaan, loop ik naar het toilet waar de wanden versierd zijn met plastic klimop en kleine houten schilderijen. De deuren zijn allemaal in vrolijke kleuren geschilderd. Aan de waslijnen hangen blauwe en groene doeken die met paarse wasknijpers zijn vastgemaakt.

Al lopend naar de pier passeren we een fruit- en groentekruiwagen. Er liggen bananen, tomaten, sla, kiwi's en ananassen in. Een unster**, een schilmesje en een telmachientje liggen erbovenop. De kruiwagen is bekleed met tafelzeil. De verkoopster is in geen velden of wegen te bekennen.

Bij de pier aangekomen is een man, één hand op de rug, bezig om een houten boot te repareren. De zon en het zout hebben veel invloed op het hout. De man brengt zorgvuldig met een roller een smeersel van polyester aan om alles wat stuk is weer glad te maken.

Het busje is een oudje, maar wordt liefdevol door de chauffeur verzorgd. De plaatsen zijn snel vol en in een rustig tempo rijdt hij ons naar Vila Verde. Ik wil uitstappen en heb pas op het laatste moment in de gaten dat mijn jurk klem zit tussen de stoelen. Met hulp van mijn medepassagiers lukt het om letterlijk en figuurlijk zonder kleerscheuren uit de *aluger* te stappen. Deze busjes, de *alugers*, zijn een prettige manier van vervoer. Sommigen noemen ze *yasi* of *hilux*, vernoemd naar het merk of model van de wagens. Je kunt halverwege instappen, mits er plek is. Even je hand opsteken. Behalve dat het goedkoop is, is het een veilige en leuke manier van transport en je ontmoet nog eens een Kaapverdiaan.

*We hebben voor het eerst kennis gemaakt met Café Touba in Senegal waar het populair is. Het is genoemd naar de stad Touba in dat land. Er zijn koffiemannen die de koffie wat specialer maken door er peper aan toe te voegen.

** Een unster is een klein weegschaaltje dat je in de hand kunt houden. Je kunt er iets aanhangen om te wegen.

Stressen

We zijn op tijd, de touba-verkoper heeft koffie en voldoende warm water. Er staan drie stoelen, een beetje verborgen achter het elektriciteitshuisje, dat de koffieman als tafel gebruikt. De bovenste helft van een plastic stoel past perfect op een aluminium onderstel van een andere stoel en ik ga zitten. De koffie smaakt uitstekend.
Op een afbladderende muur - waar in de gaten afval is gepropt - zijn de letters Fok Police goed te lezen. Ondanks het foute Engels is de boodschap duidelijk. Op een nette, blauwe muur lees ik Jesus Te Ama. Iedereen heeft recht op zijn eigen mening denk ik ruimdenkend. Het is een cultureel gebouw van Evangelisten begrijp ik.

Ik geniet vele malen meer van de muurschilderingen. Een man, hoedje op het hoofd, zonnebril op de neus, groen shirt aan, zit gehurkt op de muur geschilderd en is druk bezig om vis schoon te maken. Vraag me alleen af waarom deze afbeelding overdwars is gemaakt. Ik moet mijn hoofd helemaal schuin houden om het goed te kunnen bekijken. Ik maak maar een foto, die kan ik draaien. Op een kikkergroene muur is een gele trommel geschilderd waarvan ik in eerste instantie denk dat het een grote kop koffie is. Een man gekleed in het wit houdt een trommel tussen zijn benen. Boven hem staat Tam geschreven. Een school voor drummers?
De muurkunst gaat verder rondom de deuren van win-

kels. Sommige zijn in de greep van de tand des tijds. Een olifant is prachtig afgebeeld naast een winkel die petjes en zomerse jurken verkoopt. Op weer een andere muur zwemt een reuzenschildpad voorbij. Het klapstuk is een zwart-witte afbeelding van een vrouw, haar ogen gesloten, haar linkerhand houdt haar hoofd vast. We hebben deze wat melancholiek kijkende vrouw vaker voorbij zien komen.
'Volgens mij was ze een bekende en geliefde zangeres,' zeg ik.*
Twee meisjes zijn in sepiakleuren afgebeeld op een oude muur en zijn van een ontroerende schoonheid. Vlechten in het haar, de ene arm om de schouder van de ander geslagen. Gewoon een paar meiden. Er staat in roze letters *girl power* onder de kleine dametjes. De guitige en ondeugende uitdrukkingen op de gezichten, raken me. We passeren een witte kerk met blauwe biezen en een blauw kruis. De deur staat open en we lopen naar binnen. Een vrouw is bezig om de vloer te vegen terwijl haar dochtertje stilletjes met een pop speelt. Kaarsen branden. Naast de kerk is een school waar de buitenmuren zijn opgeleukt met spelende kinderen die enthousiast een boek in de handen houden en op een reuzenpotlood zitten. Onder een stralende zon steken een jongen en een meisje de armen in de lucht.

Een verkoopster is goed van vertrouwen en heeft haar stal, het is meer een kist, onbeheerd achtergelaten op de stoep. Plastic flessen zijn gevuld met snoep, spekkies en kauwgum. Lolly's in alle kleuren van de regenboog en rollen koekjes wachten op klanten. In het houten deksel liggen pakjes sigaretten. Is een heel pakje te duur? De klant kan ook één sigaret kopen.
De plaatselijke *supermercado* - de buurtsuper die een verrassend groot aanbod heeft - verkoopt souvenirs en typische producten. Ik heb de neiging om naar binnen

te lopen. Mag ik een typisch product van u? Wat zou ik aangeboden krijgen? Het prikkelt mijn fantasie. Voor de ingang zit een vrouw naast een groene teil gevuld met tomaten en ander fruit. Ik zoek de lekkerste tomaten uit. 'Sttt, *policia*,' sist ze en gooit snel een doek over de schaal.

De drie agenten hebben haar allang gespot. De vrouw is niet te missen, ze zit op een prominente plek voor een winkel waar mensen constant in- en uitlopen. Ik sta wat sullig te kijken met de tomaten in mijn hand. We wachten totdat de politiemannen verder zijn gelopen. Ja, de kust is weer veilig, de doek gaat van de teil af en we kunnen zaken doen. Ik geef haar de vruchten die ik netjes in een plastic zakje terugkrijg. Ze noemt een bedrag dat ik niet kan verstaan. Jan laat haar enkele munten zien. Ze kijkt, pakt er een paar en neemt een tomaat uit de schaal die ze aan mij geeft. Het wisselgeld zullen we maar zeggen. Ze knikt, we kunnen weggaan. Geld laten zien werkt altijd waar ter wereld we ooit waren. We hebben het gevoel dat mensen alleen dat pakken waar ze recht op hebben. Een toerist of een reiziger flink bij de benen nemen of te veel laten betalen is wat anders dan te veel geld uit een uitgestoken hand pakken, dat zou diefstal zijn.

'Volgens mij waren we hartstikke illegaal bezig,' grijnst Jan van oor tot oor.

Nou ja, verboden vruchten zijn toch het zoetst?

De babyblauwe taxi's met gele strepen staan netjes achter elkaar te wachten op klanten. Het is de bedoeling dat de klant in de eerste taxi stapt. Tijdens het wachten worden de schone wagens extra gepoetst en geïnspecteerd. Sal is een schoon eiland. De straten zijn schoon, her en der ligt soms wat zwerfvuil..

We wandelen het strand op waar het op een zaterdag als vandaag druk is. Een vrouw draagt haar baby in een gele doek op haar rug: ik ben weer in Afrika. Een souvenirwinkel verkoopt Kaapverdiaanse poppen, stevige dames met borsten die bijna uit hun jurken rollen. Ik heb geen enkele Kaapverdiaanse er zo bij zien lopen, alleen toeristen. Daar komt de man weer met het kleine aapje. Het arme dier zit aan een touw vast. Hij heeft weinig bewegingsruimte. Soms klimt het beest op het hoofd van de man, die de aap op de grond laat dansen door aan het touw te trekken. Niemand schenkt er gelukkig aandacht aan. Hij wordt totaal genegeerd. Hoe komt hij eraan? Wat bezielt zo'n man?

We lopen een bakkerij annex lunchroom binnen, kopen sapjes en broodjes waarvan we denken dat het tosti's zijn, maar er zit een mierzoete vulling tussen. We eten de helft op en nemen de rest mee naar huis onder het motto 'weggooien is zonde'.

Met zoveel zoet achter en in de kiezen hebben we genoeg energie om naar de standplaats van de busjes te lopen. We kennen de spelregels en gaan in de voorste bus zitten, die snel volloopt en in een paar minuten zijn we terug bij Vila Verde dat inmiddels als thuis voelt.

'Ik ben mijn telefoon kwijt,' zegt Jan en grijpt in alle zakken.

Geen telefoon, geen bankpas, geen creditcard en geen rijbewijs. De telefoon is mijn minste zorg.

'Hij moet in het busje uit mijn zak zijn gevallen,' gaat hij verder en lichte paniek slaat bij ons beiden toe.

We lopen naar de receptie waar de jonge vrouw achter de balie behulpzaam is en aan haar reactie te zien, zijn wij niet de eersten.

'Dit komt goed hoor. Ik bel een chauffeur, hij kent iedereen en zal je zeker kunnen helpen. Hij doet vaker klusjes voor ons en is betrouwbaar. Wees niet ongerust, diefstal komt niet veel voor en gevonden voorwerpen in deze busjes komen altijd boven water.'

Ik ben pissig, ik heb me altijd geërgerd aan alle pasjes in het mapje van de telefoon. Telefoon weg, alles weg maar het lijkt me geen goed moment om dit nu op te merken. De receptioniste belt en niet veel later komt de man eraan lopen.

'Ik ken zo ongeveer iedereen op het eiland, inclusief alle chauffeurs,' zegt de man op een geruststellende toon.

'Ik zal vast een poos weg blijven. Blijf jij maar hier, dan ga ik met hem op pad,' zegt Jan en loopt met de man weg en ik loop met het nodige chagrijn in mijn lijf naar ons appartement.

Ik rommel alles op en probeer wat te lezen. Lukt niet en voel me onrustig. Ik neem mijn schrijfspullen mee en ga naar de receptie waar de wifi perfect is en de banken prima zitten. En daar komt een gelukkige Jan aan lopen met een lach van oor tot oor en in zijn hand de telefoon met alles er nog in.

'De man die me heeft geholpen kent werkelijk iedereen. Hij vroeg naar details van de bus en ik wist een paar dingen, zoals de gordijnen en dat de zonnekleppen in de bus in het plastic zaten. Hij wist onmiddellijk wie hij moest hebben. We zijn naar de standplaats gereden waar de busjes zich altijd opstellen. De chauffeur heeft de man gebeld die aan het lunchen was en we moesten wachten tot hij terug kwam. Daar was ie, ik keek door het raampje naar binnen en zag direct mijn telefoon op de grond liggen. Ik heb uiteraard een dikke fooi gegeven. Nu kon ik lullig doen en met het busje teruggaan dat als eerste zou vertrekken. De heenrit kostte twintig euro omdat hij alleen mij vervoerde en een volle bus levert rond de twintig euro op. Ik zei, ik betaal nog een keer dit bedrag als je me terug naar Vila Verde brengt. Zo gezegd, zo gedaan,' gaat hij verder. 'Gevonden voorwerpen worden aan de chauffeur gegeven. Wanneer hij geen idee heeft van wie het is, brengt hij alles naar het politiebureau. Diefstal komt hier weinig voor.'

Voor veertig euro is alles opgelost en Jan vertelt zijn goede ervaring aan de receptioniste die duidelijk geen moment heeft getwijfeld aan de goede afloop.

'Is het misschien verstandig om alle pasjes en je rijbewijs eruit te halen en in je portemonnee te doen?' vraag ik onschuldig.

'Goed idee. Ga ik direct doen,' zegt Jan en kijkt me met een schuin oog aan; hij kent zijn vrouw wel.

*Cesária Évora was een folkzangeres uit Kaapverdië. Ze stond bekend als de 'diva op blote voeten, omdat ze de gewoonte had om blootsvoets op te treden. Kijk, mijn soort vrouw, omdat op blote voeten veel dingen leuker zijn. Toen ze net twintig was, zong ze al over de romantische teleurstellingen en de afgelegen ligging van de Kaapverdische eilanden: de Kaapverdische blues. Haar muziek wordt door veel mensen beschouwd als wereldmuziek. Ze zong meestal in het Kaapverdisch-Creools, soms in het Portugees en Frans. In 2011 stierf ze op 70-jarige leeftijd. Als eerbewijs aan deze zangeres is de luchthaven van São Pedro omgedoopt tot Cesária Évora International Airport.

Op verkenning

Niks mooiers dan de dag te beginnen in het donker. Langzaamaan wordt het licht in Afrika, gaan de lantaarns uit en worden de buren wakker. Ik pak onze beide telefoons en wandel naar de receptie om alle appjes binnen te halen. De bakker heeft twee kratten met vers brood voor de ingang van de gesloten winkel gezet. Er stopt een vrachtwagen op het terrein waar containers vol met schone lakens en handdoeken uit worden gehaald. Ook al zijn er nu niet veel gasten, veel mensen blieven elke dag schone lakens en handdoeken. Om de paar dagen worden onze bedden verschoond, de vloeren aangeveegd en vervolgens gedweild. Het zand zit werkelijk overal. Zo gauw we in ons appartement zijn, gaan de sandalen uit en vegen we de vloeren verder schoon met onze blote voeten die toch niet meer schoon te krijgen zijn.
Zo zie ik hoe belangrijk het toerisme is, hoe veel mensen hierdoor een baan hebben en daardoor hun gezinnen kunnen onderhouden. De bakker, de schoonmaakster, de wasdienst; allen een baan door het toerisme.

De autoverhuurder komt stipt op tien uur een zachtblauwe-grijze Panda voorrijden met 69.625 kilometer op de teller.
'Da's een ton minder dan onze vijftien jaar oude Panda,' hoor ik Jan mompelen die een rondje om de wagen loopt en van elke deuk en krasje een foto maakt.
'U komt de auto over drie dagen weer ophalen?'

'Oh, ik heb hier staan dat jullie de auto maar één dag willen huren,' zegt de man en een diepe frons trekt over zijn gelaat. 'Dan heb ik voor morgen een probleem,' praat hij in zichzelf verder. 'Maar dat wordt wel opgelost hoor.'

Jan neemt de papieren door en ondertekent het contract. Ik betaal de huur, precies vijftig euro per dag en tweehonderd euro als borg. Alles in cash, zoals ons is verteld. De man wenst ons veel plezier, steekt de weg over en stapt in een passerend busje.

Heerlijk, onze eigen wielen. De tas met koffiespullen gaat op de achterbank en Jan rijdt richting het vliegveld waar een klein schattig kerkje staat dat ik direct bij aankomst zag staan. Bij kerken is altijd ruimte om te zitten is onze ervaring.

Na 23 kilometer zien we het witte kerkje met de zacht-paarse randen - een bruin kruis op de punt - strak tegen de blauwe hemel staan. De bruine ramen en deur zijn gesloten. Erachter staat een klein toiletgebouw. Op de muur staat Capela Nossa Senhora De Fátima Sal. Alles ziet er spic en span uit. Boven de deur is een mozaïek aangebracht van de heilige Fátima. Tegen het keurige kerkje staat aan de andere kant van de weg een ruïne van iets dat in een ver verleden een woonhuis is geweest. Ik stal onze koffiespullen uit en het feit dat we *on the road* zijn verdient een koekje. Ik geniet van de eenzaamheid en de wind die over alles en iedereen heen waait. We nemen de tijd voordat we verder gaan.

Jan rijdt via Espargos naar Palmeira dat aan de kust ligt. Mijn Bradt-gids is een paar jaartjes oud en volgens dit handboek is er geen enkele reden om ernaartoe te gaan. Dat alleen vinden wij een reden om er wel naartoe te gaan.

Zo gauw we Palmeira binnenrijden, kijkt vanaf een muur een vrouw met grote verbaasde ogen ons aan, een jongen draagt een olievat op zijn hoofd en een beschadigde vrachtwagen dreigt van de muur af te rijden. Aan de kade liggen grote boten die er haveloos en kapot uitzien. Op een rood huis wappert de kleurige was aan de lijn. De stad oogt gezellig. Op een andere muur worden vissen schoongemaakt en staat er een duidelijke landkaart afgebeeld van alle eilanden en hun ligging ten opzichte van elkaar. Ik maak een foto van Sal.

Door de strakke kleuren die vaak in blokken lijken te zijn verdeeld, doet het veel aan Mondriaan denken. Misschien heeft de schilder dit eiland bezocht en zo inspiratie opgedaan voor zijn schilderijen, denk ik wanneer we een korenbloemblauw huis passeren met gele en witte raamkozijnen. Alles zit strak in de verf, geen frutsels aan de woningen en alles is in een paar kleuren geschilderd. Ik zie geen beschadiging, geen krassen, geen graffiti. Het lijken poppenhuizen. Hoewel... op het platte dak van een huis heeft iemand een onderkomen van plastic, afval en hout in elkaar geknutseld. Containers zijn om-gebouwd tot woningen. Rondom deze huisjes ligt veel afval, maar hangt ook schone was aan de lijn. De stad heeft verschillende gezichten. We passeren een markt waar de kramen leeg zijn maar waar twee prachtig geklede, Afrikaanse vrouwen rond-lopen om souvenirs te verkopen. We hebben elkaar al gespot. Ze staan te kletsen terwijl hun ogen de omge-ving scannen op potentiële kopers. Wij zijn de enige be-zoekers en mogen ons verheugen op hun volle aan-dacht. De dames zijn zakenvrouwen. De manden op hun hoofden zijn gevuld met armbandjes, popjes, schel-penkettingen en sleutelhangers. In de handen lappen stof.

'Hebben jullie oorhangers?' vraag ik en probeer in de manden te kijken.

De manden gaan met een grote zwaai van de hoofden zodat ik alles beter kan bekijken. Op het hoofd hebben ze een donut van stof liggen waar de mand op kan staan. Oorhangers? De ene vrouw loopt weg om niet veel later terug te komen met een stuk karton waar leuke oorbellen aan zijn bevestigd. Ik zoek twee paar uit die samen vijf euro kosten. Bij de andere vrouw koop ik voor vijf euro twee sleutelhangers.

'Prima, maar dan wil ik graag foto's van jullie maken,' zeg ik. 'Jullie zien er fantastisch uit.'

'Betaal ons nu maar vijftien euro,' zegt de ene vrouw op een uitdagende toon en kijkt me brutaal aan.

'Het hoeft niet,' en ik geef alles terug.

Zij mag het proberen en ik mag nee zeggen. Zij kennen de spelregels, maar ik ook. De koop wordt gesloten voor de afgesproken prijs.

We wandelen verder en passeren een grijs, stenen beeld van een visser met een beschadigde arm, die twee hengels vasthoudt. Op de plaquette lees ik dat het een eerbetoon is aan de bekendste visser van Palmeira: Ticlau. Ik neem het klakkeloos aan. Het wordt alleen niet duidelijk waarom hij zo bekend is.

We rijden de stad uit op weg naar The Blue Eye waar het zeewater met ongekende krachten op de rotsen moet beuken.

'Het lijkt Etosha wel,' grijnst Jan achter het stuur terwijl hij om zich heen kijkt. 'Vooral als je alleen naar rechts kijkt. Kale boel, overal stenen, kleine stiekelige bosjes en in de verte zijn de contouren van twee kale heuvels zichtbaar. Het wild ontbreekt, anders zou ik denken op weg te zijn naar Halali, een van de overnachtingsplekken in het Etosha-park in Namibië.'

Jan is in zijn element en smult van elke meter. Ik zit er volop genietend naast.

We komen op het juiste moment aan, rond het middaguur is het beukende zeewater op zijn hoogtepunt. We zijn er snel. Op de kaart van Sal lijkt alles ver uit elkaar te liggen, maar op een klein eiland is alles juist dichtbij.

Na een ritje van zes kilometer parkeert Jan de auto en lopen we via de souvenirwinkel en het restaurant naar de kust. Houten vlondervoetpaden zijn deels afgesloten. Het water klotst er met ongekende kracht overheen. Het is vloed. Mensen staan allemaal te wachten op die ene harde klap, camera's in de hand. Whow, het water spat en knalt. Het landschap oogt hard, ruig, geen begroeiing, maar rotsen, stenen en het hoog opstuivende water dat als brullende leeuwen tekeergaat. Een vleugje Namibië? Tussen de zwarte lavarotsen heeft de natuur een zwembad gemaakt. Duikers kunnen door een ondergrondse tunnel naar de zee zwemmen.
'Niks zo hard en zacht als water,' zegt Jan die zijn hele leven in de zwembadwereld heeft gewerkt.
Hij weet als geen ander wat water kan doen. Af en toe snerpt er een fluitje wanneer bezoekers te dicht bij de rand komen. Bezoekers die niet kunnen lezen, die de borden niet snappen en die niet begrijpen wat afgesloten betekent. Domme bezoekers die beter thuis kunnen blijven. Er zijn altijd mensen die denken dat de regels niet voor hen gelden.
Er komt een roze 4x4-wagen met gele velgen aanrijden; in het bakkie is ruimte voor vier mensen. Een blauw plastic dak moet de passagiers tegen de zon beschermen. Ze hadden beter wat kunnen bedenken om de mensen tegen het zand te beschermen, denk ik. Franek Foto Tours met een afbeelding van de Pink Panther als logo staat op de zijkant te lezen.
'Heb je een stoere 4x4 en dan spuit je hem roze,' zegt Jan hoofdschuddend.

'Zullen we kijken of we in het restaurant wat kunnen eten? Dan eten we onze boterhammen vanavond op,' stel ik voor.
Er is ruimte voor veel mensen in de eetzaal. Er zit nu één meneer in zijn uppie te eten. We gaan ergens zitten. 'Dit is de menukaart, er zijn twee gerechten die we klaar kunnen maken,' zegt het meisje en geeft ons de kaart.
Kijk, dat maakt de keuze makkelijk. Jan kiest de reuzengarnalen en ik ga voor de vis. Niet veel later wordt het gebracht. Het ziet er aantrekkelijk uit. Alles is geserveerd met stukjes aardappel, sla, maïs, één olijf, tomaatjes en komkommer. De man zet als laatste een lekker ruikende schaal met rijst op tafel.
'In veel landen worden aardappels als groente gegeten, vandaar de rijst erbij denk ik,' merk ik op.
We eten beiden ons bord netjes leeg. De serveerster kijkt tevreden als ze de tafel leeg komt ruimen. Jan zijn vingers druipen van het vet. Lichtelijk bedwelmd door de knoflookdampen lopen we terug naar de auto.

Pedra de Lume

Op een van de pagina's in mijn reisgids staat een foto van een klein, eenzaam kerkje in Pedra de Lume.
In 1460 werd het eiland ontdekt, wat ik een bizar gegeven vind, want hoe kun je een land ontdekken dat er altijd is geweest? Het duurde echter tot het eind van de achttiende eeuw voordat er wat beweging kwam op Sal. Door de droogte was het geen populair eiland. Er werd gevist en dat was het wel. Maar…toen men begon met het delven van zout kwamen de mensen. Waar mensen komen, moet een kerk worden gebouwd. Vaak kreeg die voorrang boven fatsoenlijke onderkomens voor de mensen. Een huis voor God heeft prioriteit.

Na ruim vijftien kilometer over een asfaltweg, met af en toe een kuil, een verkeersdrempel, een dikke barst of opgestuwd asfalt om ons bij de les te houden, zien we het bescheiden gebouwtje staan. De wind die het zand en het zout meeneemt, heeft zijn sporen op het gebouw achtergelaten. Het ooit felle blauw is vervaagd naar zachtblauw. De kerkklok hangt voor een van de ramen. De deur is gesloten en de ramen zijn te hoog om naar binnen te gluren. Het is en blijft altijd leuk om eindelijk op de plek te zijn die ik thuis op een plaatje heb bewonderd. Naast het kerkje staat een klooster waarvan de hekken zijn gesloten. Het staat allemaal op een van God en iedereen verlaten plek. Het voldoet in alle opzichten aan onze eisen voor een ochtendkoffie.

Ik steek de weg over en maak foto's van de muren van een visverwerkingsbedrijf. Vissen, schildpadden en een streng kijkende vrouw met een schaal vol vis op haar hoofd zijn afgebeeld. Ik zie een paar keer 27 cm staan. Zou dat de minimale afmeting van een gevangen vis moeten zijn?

We gaan verder naar het hart van de zoutwinning en zien het gewonnen zout in bulten op de kale grond liggen. Jan zoekt een plekje om de auto te parkeren. Ruimte genoeg, we zijn de enigen. We lopen naar een houten hokje waar een man zit.

'Het kost zes euro entree per persoon,' weet hij ons duidelijk te maken.

Vooruit, we zijn er nu toch en ik denk niet dat we hier ooit terugkomen. Anders zit die man voor niks de hele dag in zo'n lullig hokje. Het entreekaartje gaat in mijn boekje. Het is een kopietje, van een kopietje, van een kopietje van het originele entreebewijs. De prijs van vijf euro is handmatig aangepast naar zes euro. Geweldig.

'Neem je zwemspullen mee. Je kunt er lekker zwemmen,' zegt de kaartjesverkoper.

Zwemmen? Geen haar op mijn hoofd die dat wil. Het zal eerder drijven zijn en het zout bedekt je lichaam en voordat je dat weer van je lijf, leden en haren hebt verwijderd…. Een eenvoudig bordje met een douchekop maakt de zwemmer duidelijk dat je voor één euro je lichaam af kunt spoelen.

We lopen door een tunnel naar de zoutwinning. Tegen een agave ligt een oud stenen bord dat het meest op een dakpan lijkt. In witte letters is nog de tekst Pedra de Lume 1805 te lezen. In 1804 is er door de wallen van de vulkaan een tunnel gemaakt zodat het transport van zout makkelijker werd. Daarvoor werd door middel van een kabelbaan het zout uit de krater naar de verwerkingsplaats getakeld. Een zakenman uit Santa Maria en een Frans bedrijf investeerden en bouwden een tram zodat alles snel vervoerd kon worden. De trams worden allang niet meer gebruikt. We zien de resten van de kabelbaan die het meeste op een galg lijkt als bewijs van iets dat ooit is geweest en niet meer terug zal komen, verweerde vrachtwagens en een tankwagen met een tractor ervoor. Er hangt hier een troosteloze sfeer. In vroegere tijden kon er 25 ton aan zout per uur worden vervoerd dat allemaal naar het vaste Afrikaanse land ging. Tijden veranderen en nu produceren de zoutmijnen niet genoeg voor de eigen bevolking. Ik kan het me niet voorstellen wanneer ik zo om me heen kijk. Er ligt hier zo veel zout.

Het wordt drukker, busjes rijden af en aan om toeristen te brengen die allemaal willen zwemmen. Lullig baantje? De kaartjesverkoper heeft een hartstikke drukke baan. Sal is zout en geeft het eiland zijn bestaansrecht.

Het hele terrein is in vlakken verdeeld zoals wij dat kennen van de bloembollenvelden. Over enkele zoutpannen ligt een zachtroze waas. Het is een bizar gezicht; de bruine aarde, het zoute zwemwater en de bulten zout. Afgebakende delen zijn gevuld met het zilte water. Soms staat er een in elkaar geknutseld schermpje van plastic en hout. Misschien om uit de wind te kunnen zitten? In de verte zie ik de kale skeletten van zes gebouwen. Er lopen enkele mannen rond. Verderop zijn mensen aan het zwemmen en maken jonge meiden de ene na de andere selfie. Het contrast is groot.

Een werknemer, muts op het hoofd, heeft pauze en zit relaxed op de wagen om zich heen te kijken en zal de omgeving doodgewoon vinden terwijl ik het allemaal wereldvreemd vind.

In het grote restaurant wordt tot onze verrassing een fatsoenlijke cappuccino verkocht en we gaan ergens zitten. In de souvenirwinkel zijn naast verschillende soorten thee en tassen ook zakken zout te koop die opvallen door de hoge prijzen.

We gaan op zoek naar onze auto om naar Santa Maria terug te rijden. Oude, verroeste boten hebben een laatste rustplaats gevonden aan de kant van de weg en halfingestorte gebouwen staan te wachten op wat komen gaat. Op een dichtgetimmerd huis heeft iemand in grote letters *Follow me* gekalkt. Op dit moment loopt er een handjevol bezoekers rond. Bij een verroeste container hangt schone was aan de lijn.

'Is dat een kanon?' vraag ik me hardop af en wijs naar iets op rubberen banden met een geweerloop dat opvalt tussen het roest. 'Stop eens even, dat is een foto waard.'

'Dat is nu een affuit*,' zegt Jan met verstand van zaken. Hij heeft vroeger een paar maanden bij de marine gezeten en blijkbaar niet voor niks. Ik kijk hem met een schuin oog aan.

*Een affuit is het onderstel van een kanon of ander zwaar wapen. Een affuit wordt onder andere gebruikt om het kanon te verplaatsen of voor het opvangen van de terugslag. Bij het afvuren van een schot rijdt het kanon achteruit. Zou het aan de ondergrond bevestigd zijn, kan er schade ontstaan.

Espresso met melk

Espargos is een van de drie plaatsen van betekenis op Sal en tevens de hoofdstad van dit eiland. Elk eiland heeft een eigen hoofdstad en zo is Sal Rei op het eiland Boa Vista weer de hoofdstad van Kaapverdië.
Espargos betekent asperge en is hier een geel bloeiende bloem met rode vruchten die op sommige zanderige plekken op dit eiland groeit en bloeit.

De meeste bezoekers komen naar deze stad om naar de top van Monte Curral te gaan voor een weids uitzicht op en over de stad. Je kunt ernaartoe lopen, maar wij hebben een auto en ik ben een fan van minimale inspanningen. Ook hier zijn de artiesten losgegaan met muurschilderingen en daar blijf ik blij van worden. Een vrouw met een roze bloem in haar woeste bos krullen kijkt de bezoeker verschrikt aan. Drie vrouwen met bandana's om het hoofd en gezichtsversieringen vrolijken de muren verder op. Een witte kerk met rode dakpannen staat wat kleurloos tegen de grauwgrijze hemel. De zon laat het al een paar dagen afweten. Dit in tegenstelling tot de wind. Die is vandaag overal.
Een restaurant laat er geen misverstand over bestaan: zij serveren vis. Vissen, kreeften en andere dieren die de zee bevolken, zwemmen op de muren. Een groente- en fruitverkoopster loopt met stevige tred voorbij. Alles in haar kruiwagen is netjes afgedekt. Rijdend naar de top van deze stad geeft ze al iets van haar sfeer prijs.

Boven aangekomen zijn we niet de enigen. Diverse busjes hebben de nodige bezoekers gebracht. We stappen uit en kijken naar een stad die als een blokkendoos aan onze voeten ligt. Alsof kinderen met Lego totaal los zijn gegaan. De frisse kleuren lichten alles op. Eerlijk gezegd stelt het niet veel voor en toch is het leuk. Alles oogt schoon, fris en fruitig. Als je als stad niet veel te bieden hebt, wordt een bescheiden bezienswaardigheid vanzelf iets waar de bezoeker voor komt.

De souvenirverkopers weten waar de klanten zijn en hebben hun spullen uitgestald. Schilderijen die gisteren niet zijn verkocht en ik ben bang dat ze vandaag ook niet verkocht gaan worden. Mensen kijken, maar portemonnees blijven dicht. De verkopers dringen niet aan.

Jan rijdt de stad uit naar Palmeira en niet veel later zijn we in dit stadje aan zee waar het gezellig is. Paarse muren met rode kozijnen, een blauwe kerk - de Igreja Do Nazareon - met zachtgele deuren en een golfplaten dak. We passeren Restaurante Rotterdam waar op een bord Esplanada Rotterdam staat. Een verroest anker ligt ertegenaan. Nederland is soms dichterbij dan we denken. Een zalmroze huis met bruine deuren met witte omlijsting heeft de boel goed afgesloten. Alle elektriciteitsdraden zijn in dezelfde kleur meegeschilderd. Op een kanariegeel huis wappert een rood shirt in de wind. Een trap in allerlei kleuren lijkt naar de hemel te gaan. Op een palmboom heeft iemand *No stress* geschilderd; het levensmotto van de Kaaperdianen; het motto dat we overal voelen in de aangename sfeer. Een slanke vrouw gekleed in een lange, katoenen jurk loopt gehaast voorbij. Om haar hoofd heeft ze een bijpassende doek geknoopt. Jan zoekt even en vindt al snel een plek voor de auto en we gaan lopend verder op verkenning.

'Ik geloof dat ze daar koffie verkopen,' wijs ik naar een zaakje en loop naar binnen waar een aantal mannen

reeds de nodige alcohol geconsumeerd hebben en het reuze gezellig met elkaar hebben.
'Zeker heb ik koffie voor jullie. Alleen espresso,' zegt de man.
'Als je melk hebt, willen we graag twee koffie,' zeg ik en we gaan buiten op een in elkaar geknutselde houten bank zitten.
Door de lattenleuning heeft een groene plant zijn reuzenbladeren geworsteld. Een paar tellen later komt een jongen een pak melk brengen. Alleen voor ons? Ik voel me schuldig. De man zet niet veel later twee kabouterkopjes espresso met opgeklopte melk voor ons neer. Mini-cappuccinos. Jan kan beide kopjes mét schoteltjes op één hand vasthouden. Het ziet er verrukkelijk uit en smaakt nog beter. Twee slokken en de kopjes zijn leeg.
'Kom geef me je telefoon, dan maak ik een foto van jullie,' zegt de man.
Aangesterkt door zo veel koffie lopen we verder. Zelfs de in elkaar gezakte huizen hebben hun schoonheid weten te behouden. Een paar deuropeningen zijn opgevuld met bakstenen. In koelboxen liggen stapels versgevangen makreel. Mannen en vrouwen maken geroutineerd de vis schoon. Een vrouw, van top tot teen gekleed in roze en rode kleuren, heeft geen tijd voor welk visje dan ook. Haar telefoon vereist haar aandacht. We wandelen verder en lopen langs bloempotten die de gemeente als afscheiding heeft geplaatst om zo de straten af te schermen. Drie vissers, petje op het hoofd, hangen over vaten op een zeeblauwe muur. Halfdode agaven staan in plastic bakken voor een huis dat er niet veel beter uitziet. Wat zit er een schoonheid in oudheid. Vier kruiwagens staan omgekeerd tegen een brokkelige muur van de plaatselijke smederij. Achter een geel huis steekt een palmboom met kop en schouders boven alles uit.

We slenteren naar de wagen en gaan naar Espargos waar Jan de auto parkeert voor de leuke koffiezaak, Padaria Sabura, met goede zitplaatsen. In tegenstelling tot het Afrikaanse vasteland heeft men hier wel een voorkeur voor prettig zittende stoelen. Plastic zetels met een kussentje en als er dan ook nog iets lekkers bij de koffie is te bestellen, zijn er geen wensen meer.

Het schelpenkerkhof

'Ik heb ergens wat gelezen over een schelpenkerkhof,' mompelt Jan ondertussen de gids doorbladerend. 'Ik kan het met geen mogelijkheid terugvinden.'
Gelukkig biedt Google uitkomst en ziet hij waar deze begraafplaats moet zijn.
'Het is niet zo ver hier vandaan. Hoewel, hier is alles dichtbij. Zo gauw je de kaart erbij pakt, lijkt alles nogal van elkaar af te liggen,' gaat Jan verder.

Op amper vier kilometer van ons complex ligt deze begraafplaats. Jan parkeert de auto en we lopen ernaartoe. Waar kijk ik eigenlijk naar? vraag ik me af. Enorme bulten schelpen liggen als weggegooid afval aan de rand van de zee. De lichtrozeachtige kleuren vormen een merkwaardig contrast met de zwarte lavastenen waar de kustlijn mee is bezaaid. Schelpen, schelpen en nog eens schelpen. Miljoenen liggen als stenen op de grond, vormen grote heuvels waar mannen en vrouwen tussen en bovenop zitten. Een vrouw is zo verstandig dat ze op een plastic krat zit.
'Volgens mij worden ze hier gedumpt en halen zij het vlees er uit,' zegt Jan en wijst naar de kratten waar de inhoud als dikke klodders snot in ligt.
Wat een hard en ronduit smerig werk. De mensen hebben handschoenen aan. De schelpen zijn puntig en scherp. Een man zit op blote voeten op een stuk plastic. Ze bikken ze leeg en gooien de slijmerige inhoud in een van de kratten.

Sommige mensen denken dat het een natuurlijke begraafplaats is. Nee dus, de zee spoelt ze niet aan, maar ze worden gedumpt door de vissers en het restaurantpersoneel. Er komen een paar toeristen aan fietsen die het fietsen duidelijk niet gewend zijn en over deze scherpe schelpen al helemaal niet. Zouden ze weten dat ze over een kerkhof fietsen? We zien toeristen op huurfietsen rondrijden; de meeste kunnen er weinig tot niks van. Het zijn grote fietsen met dikke banden. Sommige zijn elektrisch. Ze slingeren over de schelpen en hebben geen oog voor de hardwerkende mannen en vrouwen. Het schuurt een beetje en zorgt voor ongemak bij mij. De mensen gaan onverstoorbaar verder met hun werk. Vele schelpen zijn te klein en hadden nooit uit het water gehaald mogen worden en zijn afkomstig uit illegale visserij. Daar kan ik alles van vinden, maar wanneer je geen werk en geen geld hebt, ligt alles anders. Er is niet veel werk op dit eiland en misschien zijn ze blij met deze baan. Het weinige werk is een reden dat veel eilanders hun heil elders zoeken en naar Europa willen, waar de bomen tot in de hemel groeien. Met alle ellende van dien tot gevolg.
In de verte zijn mensen aan het kitesurfen. De verschillen zijn groot. Schelpen en kerkhoven horen bij elkaar. In Nederland zijn op veel begraafplaatsen de wandelpaden bedekt met witte schelpen. We lopen een rondje over de schelpen die ritselen en kraken onder onze schoenen, voordat we in de auto stappen om naar ons appartement terug gaan.

'We kunnen een broodje hamburger maken,' stel ik voor. 'Makkelijk en lekker.'
Overal zijn kleine winkeltjes die meestal een verrassend groot assortiment hebben. Jan stopt bij een willekeurig zaakje en we lopen naar binnen. Jan gaat op zoek naar het vlees en komt lachend terug.

'In de diepvries ligt een opengemaakte doos hamburgers. Je kunt ze hier per stuk kopen.'
De man achter de kassa overhandigt Jan stilzwijgend
een plastic zakje voor het vlees. Ik zoek een bak
yoghurt uit, brood hebben we nog. Ik kan genieten van
dit soort kleine dingen die nergens over gaan, maar in
Nederland totaal onmogelijk zouden zijn.

In de straten van Santa Maria

Op de kade van Santa Maria

In Palmeira

Nossa Senhora da Piedada
(Onze Lieve Vrouwe van Barmhartigheid)

Het zout van Sal

Het Schelpenkerkhof

Café Touba
ALWAYS
A GREAT IDEA

MEU

NO STRESS NO STRESS NO STRESS NO STRESS

Cria o teu Próprio Salado / Creat your ow
MARTINHO

GIRL
POWER

Cesária Évora

PAPELARIA

In de aluger

In de aluger

Klokslag tien uur komt de medewerker van het verhuurbedrijf de wagen ophalen.
'Kunnen we hem nog een keer huren? Graag twee dagen,' vragen we.
'Dat moeten jullie via de balie regelen. Ik haal en breng
alleen de wagens.'
De man loopt snel een rondje rond de auto, pakt de
papieren aan, geeft de borg terug en wij lopen naar de
balie.
'Ik zal voor jullie bellen,' zegt de vrouw en pakt de
telefoon. 'Er is een wagen beschikbaar voor één dag.'
We pakken wat we kunnen krijgen en laten het voor ons
vastleggen.

Voor de zoveelste keer lopen we de drie kilometer van
ons verblijf naar het centrum van Santa Maria om direct
door te lopen naar ons vaste terras om aan dezelfde
tafel te gaan zitten. Een mens is nu eenmaal een ge-
woontedier, zelfs op reis. De serveerster herkent ons en
lacht vriendelijk. Ik steek twee vingers op.
'De cappuccino loopt al,' lacht ze.
Er loopt een man voorbij die een oranje kruiwagen
voortduwt waar een grote, onthoofde tonijn in ligt. Een
enorm gapend gat laat zien waar de kop heeft gezeten.
Ik loop er snel achteraan en weet de vis te vangen met
mijn telefoon.

We wandelen door de stad en weten straatjes te ontdekken waar we niet eerder waren. Gele muren, blauwe muren, paarse muren; het kan hier allemaal. Een hond doet vergeefse pogingen om een oud huis binnen te komen. De fruit- en groenteverkoopster duwt haar goedgevulde kruiwagen met rechte rug voorbij. De vrouwelijke noot ontbreekt nooit, haar kruiwagen is bedekt met een kleed om de boel te beschermen en alles op de fleuren.

Lappen stof hangen netjes gerangschikt over een groot balkon. Een houten Afrikaans echtpaar staat stijfjes naast elkaar bij de deuropening van een souvenirwinkel. De man draagt een oranje broek, zwarte schoenen, oranje-zwart gilet en een witte hoed op het hoofd. De vrouw is gekleed in een Afrikaanse jurk, zwart tasje in de hand. Rode lippen, gouden oorhangers en een grote bandana om haar hoofd maken haar outfit compleet. Hardroze bloemen hangen over een beige muur met blauwe deuren. Over een ruwe stenen muur hangt een wasje te drogen. Een azuurblauw hekwerk omringt een zalmroze huis. Hetzelfde blauw komt terug in de balkons. Oranje bloemen hebben zich smaakvol over een schutting gedrapeerd. Een oranje woning houdt het simpel en heeft alleen witte kozijnen. Een zachtgeel geschilderd appartementencomplex staat naast een paars huis met blauwe deuren en kozijnen. Een eenvoudig grijs huis heeft de witte luiken gesloten die omlijst worden door roze bogen. Tegen de muur staat een onbeheerde groente- en fruitkruiwagen. Bananen, sinaasappelen, een ananas, appels, tomaten en zakjes sla. Zouden deze kleuren een tegenwicht zijn voor een verder kaal eiland waar grauwe stenen en rotsen overheersen? Waar weinig groen is? Mensen hebben behoefte aan kleuren, want kleuren geven warmte.

We nemen een aluger naar Espargos. Kaapverdië is een uitzondering wat betreft reizen met bagage. In andere landen van dit werelddeel reizen mensen soms met het hun complete huisraad, worden gangpaden volgestouwd met pakken, zakken en alles waar iets in kan. Zelfs als het niet kan, kan het en wordt het meegenomen. Boven op de bagage kan weer iemand zitten. Hier gelden andere regels. Mensen duwen en trekken niet, stappen rustig in en uit. Een klein jochie zit bij zijn oma op schoot. Hij kijkt wat bedremmeld naar mij. Er kan geen lachje af. De man naast mij houdt een paar krukken vast. Yep, alle plekken zijn bezet; we kunnen gaan. De chauffeur kijkt in de spiegel om er zeker van te zijn dat alles en iedereen zit en draait de bus naar Espargos. We rijden door een kale omgeving waar ik nu regelmatig de Kaapverdische asperges zie bloeien. Na een half uur stoppen we in de stad waar we allemaal uitstappen. We wandelen door de straten en spotten een paar muurschilderingen die we een paar dagen geleden gemist hebben.

De deuren van een katholieke kerk staan open, meer aansporing hebben we niet nodig om naar binnen te lopen. De kerk is een eenvoudige met simpele houten banken en veel beelden. Johannes de Doper lijkt op een stoere Noorse Viking. Voor de ramen hangt paarse vitrage. Jezus hangt aan zijn kruis, een monnik houdt een baby vast en Maria kijkt devoot - de handen gevouwen - naar beneden. Boven de kansel lees ik de Portugese tekst *Renovar Tudo Em Cristo. Vernieuw alles in Christus.*

We lopen het gebouw uit en passeren een vrouw die haar kruiwagen heeft gevuld met eigengemaakte zoetigheden. In plastic bussen liggen allerlei koekjes. In een bak liggen de bekende oliebollen die volgens mij in elk land in Afrika worden verkocht. Haar kruiwagen is bedekt met een oranjerode lap. Alles ziet er verzorgd en smakelijk uit. Het blauw van haar kleding gaat naadloos over in de blauwe deksels van de bakken.

'Wat is dat?' wijs ik naar de bovenste bak.

'Snoep gemaakt van pinda's en suiker, erg veel suiker,' weet ze me duidelijk te maken.

Ze heeft ook koeken met kokos. Alles ziet er lekker uit. Ik ben dol op kokos, dus….

'Doe van beide maar een paar,' zeg ik.

Zorgvuldig zoekt ze er wat uit; alles gaat in een plastic zakje en we krijgen er een servetje bij. Met zoveel toegevoegde suikers kunnen we het veilig eten en we zetten onze tanden erin. Het is zoetig, het is lekker en een aanslag op ons gebit. Perfect. Lekker snoepend lopen we verder en passeren een oud tafelvoetbalspel dat midden op het trottoir staat.

'Ik wil eieren en yoghurt kopen voordat we terug naar ons appartement gaan,' zeg ik.

We lopen rond en spotten al snel een klein buurtwinkeltje binnen waar een stevige, jonge vrouw apathisch achter de toonbank zit en duidelijk niet van plan is om zich te bewegen.

'Eieren?' ze knikt en wijst loom naar rechts waar trays met eieren staan.

'Hoe moet ik die meenemen?' kijk ik haar vragend aan.

Ze moet diep zuchten en wijst naar een stapel kleine plastic zakken.

Met de twee eierzakjes in de hand lopen we de winkel uit naar de standplaats van de aluger. Jan kruipt achterin, ik ben minder hoffelijk en ga snel vooraan zitten. De ene bus mag beter ogen dan de andere, maar ze zijn allemaal schoon en worden tiptop onderhouden. Op het dashboard ligt een oranje, pluchen kleedje en er staat een gele lamp met de letters aluger.

Er stapt een jong stel in; beiden dragen een rugzak. Dit zijn de eerste backpackers die we zien. Kaapverdië is geen land voor de rugzaktoerist. Alle plekken zijn snel bezet. De chauffeur laat de rugzakkers bij het vliegveld uitstappen.

Zowel de eitjes als wijzelf komen zonder enige beschadiging aan bij de rotonde van Vila Verde waar we uitstappen. Nog zes minuten lopen over het terrein en we zijn thuis.

De kunst staat op straat

In de binnenstad van Santa Maria mogen geen auto's rijden en mag er niet gefietst worden. Iedereen houdt zich netjes aan de regels. Zoals in de meeste Afrikaanse landen zien we geen vrouwen en meiden op de fiets. De fiets is een mannenvoertuig.

De gemeentelijke reinigingsdienst heeft pauze genomen. De vuilnismannen beschikken over duwwagens waar twee kliko's op staan. De verrijdbare vuilnisbakken staan nonchalant tegen de muur geparkeerd en vormen een smaakvol contrast met de muren. Straatkunst is soms letterlijk kunst van en op de straat.

Weer wandelen we van de ene straat naar de andere. Her en der staat een foodtruck. Ze zijn allemaal gesloten. Dat Angela Hamburger grote hamburgers belooft nemen we onmiddellijk aan. Sommige eetwagens hebben geen wielen meer en staan op dikke stenen. Vanaf een muur zingt een vrouw de longen uit haar lijf. In haar oren bungelen grote ringen. Kleine winkels verkopen zomerse jurken, een vis zwemt op een andere muur voorbij en weer staat er een groentekruiwagen onbeheerd aan de kant van de weg.

'Als we verder lopen moeten we bij een markt uitkomen,' zegt Jan kijkend op Maps Me.

De Mercado Municipal De Santa Maria is een drie verdiepingen hoog gebouw waar veel fruit en groente wordt verkocht. De bezoeker wordt gevraagd netjes gekleed deze hal te betreden. Petten, korte broeken, minirokjes en hemdjes zijn verboden. Ik kijk naar Jan zijn korte broek die er netjes uitziet. We lopen naar binnen; niemand houdt ons tegen.

Er zijn diverse winkeltjes in het gebouw, die bijna allemaal leeg staan. Op de houten balustrades hangen lappen stof. De kleuren zijn weer overdonderend. Bij een van de kramen zoekt Jan een paar uien en wat tomaten uit. Veel wordt geïmporteerd en dat is terug te zien in de prijs. We lopen naar de derde verdieping en hebben zo een prachtig uitzicht op alle stands en zien hoe keurig het is. Alles ligt gesorteerd in kratten. De witte plavuizen vloer is schoon. De teenslipperverkoper heeft een royaal aanbod. Van elke slipper is er één tentoongesteld, voor het geval de klant in de verleiding mocht komen om er per ongeluk eentje in de tas te laten verdwijnen. Er loopt een handjevol bezoekers. Ik denk dat we voor een marktbezoek aan de late kant zijn. De winkels en de fruitdames hebben hun voorraad al aangevuld. Wij lopen naar buiten.

Op de kade wordt de verse vis schoongemaakt. Dode vissenogen kijken de bezoeker vanuit de plastic bakken aan.
'Kom, maak een foto van mij,' wenkt een man.
Hij gaat op zijn hurken zitten, houdt de punt van de staart van een megagrote, onthoofde vis vast en poseert ermee alsof hij een nieuwe aftershave aan het promoten is. Ik maak een foto die op zijn goedkeuring kan rekenen. De kokosnotenverkoopster heeft vertrouwen in de medemens en haar kruiwagen staat onbeheerd aan de kade. Niemand zal het hier in zijn hoofd halen om er snel eentje te pakken. Aan de kade is het leuk, er is altijd reuring en bedrijvigheid. Er waait een lege, oranje plastic bak de zee in. Een knaapje, ik schat een jaar of tien, kijkt naar zijn moeder en weet wat hem te doen staat. Hij trekt zijn shirt uit, schopt zijn schoenen van

zijn voeten en springt in het helblauwe water. Hij zwemt naar de teil die hij snel te pakken heeft. Op het ritme van de zee laat hij zich naar het zand terugdeinen. Ik vind het een klein manneke in die grote zee en wacht totdat hij veilig met beide voeten op het zand staat. Net alsof ik verantwoordelijk voor hem ben, alsof ik hem zou kunnen redden mocht hij in de problemen komen. Zijn moeder heeft niet op of om gekeken.

Zondagsrust

Het is rustig in de stad. Veel winkels zijn gesloten en er is aanzienlijk minder verkeer. Behalve bij de touba-koffieverkoper, die heeft het druk. Hij verkoopt het ene bekertje koffie na het andere. Klanten komen met een lege beker om deze te laten vullen. Op een van de drie stoelen - hij heeft het kleinste terras ooit - zit een jonge vrouw. Ze trekt zorgvuldig een plastic zakje over de hete koffie. Meeneemkoffie 2.0. Touba-man geeft haar een beker yoghurt.
'Hé, verkoopt hij dat?' vraag ik aan haar.
Ze schudt haar hoofd: 'Nee, dit is speciaal voor mij. Hij is mijn man.'
Hij kijkt met een liefdevolle blik naar zijn vrouw. We gaan op de overgebleven stoelen zitten en genieten van de koffie. We wandelen naar de pier. De vissers hebben een vrije dag. Een man in een blauwe overall heeft nu de tijd om een net, dat als een deken van gaas over de houten pier is uitgespreid, te boeten. Iedereen loopt met een boogje om hem heen. Vier jongens zitten op de pier, hun benen bungelen over de rand en vormen een mooi contrast met de zee en geven deze rustige zondag extra flair.
'Zullen we naar ons restaurant gaan? Ik lust nog wel een koffie,' stel ik voor.
Ik drink hier meer koffie dan thuis. We gaan op ons vaste stekkie zitten. Onze telefoons pikken de wifi op en de serveerster zet ongevraagd twee cappuccino's voor ons neer, nog voordat we de kans krijgen om een bestelling te plaatsen. Geweldig.

Schuin tegenover het restaurant is een fairtrade winkel.
Ik loop ernaartoe en maak kennis met twee jonge vrouwen die hier de scepter zwaaien.
'Alles wat je hier ziet staan wordt op Kaapverdië gemaakt,' legt de ene vrouw uit.
Veel sieraden, stoffen etuis, sleutel- en oorhangers en koffie.
'Koffie? Verbouwen jullie hier koffie?' vraag ik en denk aan Sal waar zo weinig groeit en bloeit.
'Jazeker, op een van de eilanden wordt dit verbouwd.'*
Ik neem een pak koffie mee en een klein etuitje. Fairtrade spreekt me aan. Wie geen geld uit wil geven moet thuisblijven, was een van mijn vaders uitspraken.

De alugers rijden wel hoewel het nu langer duurt voordat alle zitplaatsen zijn bezet. We hebben alle tijd en wachten, in welk Afrikaans land ook, is nooit een straf. Nadat we een paar keer met de auto naar Palmeira zijn geweest, willen we nu met de bus. Er valt, voor wie het zien wil, genoeg te zien en ik wil alles zien. Als de bus bijna vol is, vertrekken we. De man rijdt een rondje door het centrum om een paar laatste passagiers op te pikken.
We passeren een bescheiden bermmonument voor een dierbare die daar is verongelukt. Ik heb echter niet de indruk dat ongelukken veel voorkomen. We zien zelden een autowrak langs de kant van de weg staan en idiote weggebruikers moeten we nog tegenkomen. Mensen gunnen elkaar het asfalt.
Ik zit geriefelijk in de oude bus en kijk met plezier naar de kale, stenige wereld om me heen. In een bejaard tempo rijden we naar Espargos waar het net zo druk is als in Santa Maria. We stappen uit en gaan op zoek naar de bus die ons naar Palmeira kan brengen. Iedereen is behulpzaam en binnen een paar tellen zitten we in de bus. De chauffeur draait de sleutel om wanneer er nog

een passagier bijkomt en binnen tien minuten zijn we
op onze de plek van bestemming waar de zondagsrust
hoog wordt gewaardeerd en waar iedereen uitstapt.

Een corpulente vrouw zit op een stoel bij haar fruitkruiwagen. De stoel is amper berekend op haar stevige
lijf en leden. Ze is drukker met haar telefoon dan met
de klanten voor haar rijdende winkel. De inhoud van
haar wagen is minstens zo kleurrijk als de vrouw. Ze
gaat gekleed in een blauwe broek, roze badslippers aan
haar voeten; een oranje schort en een lichtroze shirt
maken haar outfit compleet. En dat alles tegen een gifgroene met lichtpaarse muur en een wit hek. Wij lopen
verder. Bij de kerk hangt de klok naast het gebouw
tegen de muur. Wat een merkwaardige plek!
Ja, daar is een restaurant open. Op een schoolbord staat
dat de daghap vijf euro kost. We hebben geen idee wat
het is, maar wat is reizen zonder risico's? Dapper lopen
we naar binnen en bestellen twee keer het aanbevolen
menu. Het is vis met sla en twee plakjes rode biet. Een
schaaltje met rijst maakt de maaltijd compleet. We
smullen. Er komt een echtpaar de zaak binnenlopen. Ze
horen ons praten.
'Is het lekker om hier te eten?' vragen ze.
'Als je van vis houdt, kunnen we het van harte aan-
raden,' antwoorden we.
Ze zoeken een plekje op. Wanneer we alles bijna op
hebben, komt er een Nederlands echtpaar binnenlopen
die voor de daghap gaan. We raken aan de praat.
'We zijn hier twee weken en waren van plan om andere
eilanden te bezoeken. Doen we niet meer. Ik heb helemaal geen zin in dat gepak en getrek met de bagage en
het gereis van de ene bestemming naar de andere. We
blijven lekker hier,' zegt de vrouw.
'Ik heb drie weken flink de griep gehad en had behoefte
aan de zon. Ik zei tegen mijn vrouw, zoek een mooie

zonnige bestemming op en ziehier, nu zitten we dus op Kaapverdië,' legt de man lachend uit. 'We vinden het een heerlijk relaxed eiland.'
We kunnen het alleen maar met hen eens zijn.
'Grappig. Dat was in eerste instantie ook ons plan. Om naast Sal nog minstens één ander eiland te bezoeken, maar wij gaan dit niet doen. Als je de tijd neemt en je hotelterrein verlaat, valt er veel te zien en te ontdekken. 'We hebben een auto gehuurd en daar super van genoten. Er is meer te zien dan je in eerste instantie denkt wanneer je hier aankomt,' ga ik verder.
We eten ons bordje leeg, wensen onze landgenoten een goede reis toe en lopen naar de busstandplaats. Via een overstap in Espargos zijn we snel terug in Santa Maria waar we uitstappen bij ons resort. Zo langzamerhand heeft het openbaar vervoer in dit land geen geheimen meer voor ons. En dit alles zonder dienstregeling en zonder conducteur. Een busje, een chauffeur en het wisselgeld in een plastic zakje!

*De koffie wordt biologisch geteeld op de vulkaanhellingen op het eiland Fogo. De koffieboeren werken fairtrade. Zo worden de levensomstandigheden van de boeren verbeterd en geeft het de boeren en hun gezinnen meer financiële ze-kerheid.

't Is toch Afrika

Na het ontbijt lopen we naar de receptie om te kijken of de huurauto reeds gebracht is. In geen velden of wegen is er een huurauto te bekennen.
'Nee hoor, ik weet niks van een huurauto. Weet je zeker dat je die hebt gereserveerd?' vraagt de receptionist.
Ja, dat weten we zeker.
'Vorige week hebben we voor drie dagen een wagen gehuurd. Bij inlevering hebben we direct een reservering voor vandaag gemaakt. Hier aan de balie, door een van je collega's. We wilden de Panda weer maar vandaag was alleen de Ventura beschikbaar,' gaat Jan verder.
Ze belt nog een keer. Ze schudt haar hoofd.
'Zou je kunnen vragen of er morgen een auto beschikbaar is?
Ze knikt, we horen haar praten. Gelukt. We reserveren de auto en zien wel of ie er morgen is.
Wat is een reiziger waard die zijn of haar plannen niet om kan gooien? We beschouwen onszelf graag als echte reizigers en lopen naar de weg om te zien of we een plekje in een aluger kunnen scoren om naar Palmeira te gaan. Jan heeft zijn zinnen op een bord met vis gezet. De busjes zijn vol en rijden allemaal door; dan maar met een taxi naar Santa Maria waar we snel zijn. Dat is het leuke van een klein eiland. Je voelt je snel vertrouwd en met Jan zijn richtingsgevoel is alles gauw te vinden. Uitstappen, even op zoek naar de juiste bus en daar gaan we al, op weg naar de stad en de vis

die na zo'n enerverende ochtend uitstekend smaakt. Naast het restaurant is de Sentina Municipal. Waar de raad - zolang ik me kan herinneren - in mijn gemeente Hellendoorn nog niet uit is, fatsoenlijke openbare toiletten, staat hier gewoon een vrolijk blauw geverfd huisje met schone toiletten. Een oudere mevrouw, met het haar in een grijs toefje en voorzien van de nodige schoonmaakmiddelen, onderhoudt alles keurig. Tot nu toen zijn alle wc's waar ik ben geweest brandschoon, overal was water, zeep en toiletpapier.
We lopen een rondje door de stad voor we terug wandelen.
'Moet je eens kijken?' wijs ik naar een kraam waar tweedehands kleding wordt verkocht.
Op de tafels ligt alles door elkaar. Over drie tonnen hangen spijkerbroeken.
'Ik hoorde laatst een mevrouw zeggen dat dit Europese winkels zijn. Onze afgedankte kleding wordt hier verkocht,' merk ik op en wijs naar de winkel.
Bij de Fontenario staan een tiental plastic jerrycans tegen de muur. Hier wordt water verkocht. Ik zie geen verkoper en geen klant. De stalen deuren zijn gesloten.

De aluger staat klaar en we stappen in. Voor mij zitten een man en een vrouw. Zij heeft een paar grote plastic pakken op haar schoot liggen waar ze niet overheen kan kijken. Dit is de eerste keer dat we iemand met veel bagage in de bus zien zitten. Zij horen niet bij elkaar zo te zien. Ik kan mijn ogen niet van de man afhouden, van zijn oren dan. Met zijn petje achterstevoren op zijn hoofd, een parelketting om de hals en bril op zijn neus, is hij een opvallende verschijning. Zijn oorlellen zijn doorboord en hebben gaten waar met gemak een vinger door kan. Er zitten zilveren ringen in. Onder aan de oorlel hangt een zilveren kettinkje waar weer een ronde parel aanhangt. Als hij recht vooruit kijkt, kan ik door

zijn oorlellen naar buiten kijken. Ik kan me niet los-
rukken, zijn oren werken als magneten op mij. Ik pak
mijn telefoon en maak snel een foto.
Achter ons zit een bereisd echtpaar op leeftijd; het zijn
echte reizigers, dat stralen ze aan alle kanten uit. Leuk.
Op de een of andere manier word ik daar altijd blij van.
Blijven reizen zolang het kan en zolang je het zelf leuk
vindt.
Bij de rotonde stappen we uit en lopen voor de zoveelste keer de weg over het grote terrein naar ons appartement waar de schoonmaakster alles heeft gedweild. Schone lakens en frisse handdoeken staan als
twee grote zwanen op ons bed. Heerlijk. Het is allemaal
aan mij besteed. Op mijn bed zie ik een dun dekbedje
liggen. Wat lief. We slapen alleen onder lakens.
Afgelopen nacht vond ik het kil en had een groot
badlaken op mijn bed gelegd. Dat heeft de schoonmaakster gezien en nu heb ik een heus dekbedje. Haar
fooi zal straks aanzienlijk zijn!

De lichten vallen uit, de wifi is weg en de stilte over-
heerst. Hoewel, we horen een vrouw roepen. Jan loopt
ons appartement uit en gaat op zoek naar het ge-
schreeuw.
'Ik zit vast in de lift,' horen we een vrouw schreeuwen
in het Portugees.
Jan loopt naar de gang en weet haar duidelijk te maken
dat hij op zoek zal gaan naar hulp.
'Wat hebben wij een mazzel gehad, daar zaten we een
paar minuten geleden nog in,' zeg ik.
Lijkt me vreselijk om in het donker in zo'n klein hokje
te zitten. Als we naar buiten kijken is het aardedonker,
er brandt geen lamp. Geen lantaarnpalen die schijnen
en ergens in de verte moet de stad Santa Maria liggen.
Geen stroom, betekent geen water.

We lopen naar de winkel om de hoek, kopen een paar flessen water en zijn duidelijk niet de enigen. Het is er druk.

'Ik ga een emmer vragen bij de receptie. Dan haal ik water uit het zwembad en kunnen we de wc doorspoelen,' zegt Jan.

De vrouw kijkt vreemd op van dit verzoek maar gaat op zoek naar een emmer. Jan sjouwt alles naar de derde verdieping. Er komt snel hulp voor de vrouw in de lift en niet veel later springt alles aan, ratelen de telefoons, is Santa Maria weer een stad die we in de verte zien liggen en spoelt Jan het zwembadwater door het toilet.

Musea do Sal

Het museum in Santa Maria is open tot vijf uur en trekt niet veel bezoekers. Er zitten twee jonge vrouwen bij de balie achter een moderne laptop die nog net niet schrikken wanneer we ons melden. Het museum presenteert zichzelf als een plek voor zowel de Kaapverdiaan als voor de buitenlander om meer te leren over deze eilanden en haar bewoners. Het museum gaat onder meer in op de zoutvelden, 'de Salinas', en de bevolking die grotendeels uit S. Nicolau en Boa Vista komt. Ook de invloed die buitenlanders hebben gehad en zo hun stempel op dit land hebben gedrukt wordt belicht. Ik ben dol op musea in Afrika. Het stelt vaak niet veel voor, maar soms word je verrast en is er iets moois te zien of leer je iets dat je niet wist.

Er zijn verschillende oude gebruiksvoorwerpen die los op tafels staan. Een grote, ronde, houten ton valt op. Dit soort vaten werd vroeger gebruikt om water te halen, lees ik, en deze waren typisch voor dit eiland. Er kon honderd liter in. Een stang met handvat moest het rollen makkelijker maken. Het lijkt me ondoenlijk om zo'n gewicht op de wegen van nu - laat staan van toen - te vervoeren. Een slang met een trechter ligt ernaast. Een vergrote foto laat een jochie op blote voeten zien die een ton door de straten duwt. Er liggen slippers gemaakt van rubber met touw naast. 'Rollende tonnen met accessoires' lees ik op het geplastificeerde kaartje. Dit bedoel ik nou, alleen al dit te zien is leuk.

Het toerisme kreeg een boost met de opening van Hotel Atlântico in het begin van de jaren veertig. Toen later het Belgische echtpaar Hotel Morabeza overnam, kwam de vaart er in. Mede door het goede klimaat wisten de mensen dit land steeds beter te vinden. Vooral de laatste jaren heeft het eiland veel nieuwe bezoekers mogen verwelkomen en zo werd Sal het meest culturele eiland van Kaapverdië. Ik leer veel. Niet veel later bewonder ik een zilveren theepot en een suikerpot met deksel die los op een paal staan. Zou dit in een winkel staan, liep ik eraan voorbij. Nu staat het in een museum en is het dus belangrijk. Ik kijk ernaar omdat het er staat. Ik kan het niet laten om even in de pot te kijken. Een bruine stenen vaas is geen vaas, maar werd zo goed als zeker gebruikt om verf of schoensmeer in te bewaren. De bruine waterpot met azuurblauw deksel is een leuke pot en zou in een moderne woonkamer van nu niet misstaan. Hier werd drinkwater in bewaard. Het kwam van oorsprong van het eiland Boa Vista.

Een zware metalen band verwijst naar de tragische slavernijgeschiedenis. Elke band behoorde toe aan een tot slaaf gemaakte, hoe meer banden des te rijker de slaveneigenaar was. Het museum is klein en gooit heden en verleden door elkaar. Het is een allegaartje waar we van houden. We gaan van watertonnen naar de slavernijgeschiedenis. Wij zijn de enige bezoekers en de twee vrouwen interesseert het geen lor wat we doen.

Aan de muur hangen wollen kleden die van recentere data lijken. Een muzikant, een vrouw die in de vijzel aan het stampen is en een andere met een klewang in haar hand en een grote schaal op haar hoofd; ze zijn verweven in de kleden.

In een klein half uurtje hebben we iets geleerd en de twee dames kunnen twee bezoekers noteren.

Naar de kerk

We staan op tijd buiten. Thermos en koffie bij ons: we zijn tot in de puntjes voorbereid om een dagje eiland te doen. Niet voor niks, om precies tien uur komt de medewerker van het verhuurbedrijf voorrijden in een oude Jimny, onze wagen voor precies 24 uur. Jan loopt een rondje om de wagen en maakt een paar foto's. Ik betaal de borg en de huur.
'Je moet even goed gas geven en dan slaat de motor aan,' zegt de man tegen Jan als laatste aanwijzing.
Het mag een oudje zijn, het is een stoer bakkie en op de een of andere manier zijn mannen daar gevoelig voor. Jan start de wagen en we gaan op weg naar het uiterste puntje om koffie te drinken bij het kerkje.
'Waar heb ik mijn rijbewijs gelaten?' vraagt Jan zich hardop af.
'Hoe bedoel je?'
'Die moest ik aan de man laten zien, maar ik weet niet meer waar ik die nu zo snel heb gelaten.'
Het zal toch niet…
'Stop nu maar direct en zoek alles na. Anders gaan we terug naar het resort,' zeg ik zo geduldig mogelijk terwijl ik me inwendig dood erger.
Niks te vinden, Jan draait de wagen en rijdt terug naar het resort. Parkeren en hij loopt naar de receptie om niet veel later terug te komen met het rijbewijs in zijn hand en een grijns van oor tot oor op zijn gezicht.
'Je gelooft het niet, maar de buschauffeur die me heeft geholpen om mijn telefoon terug te vinden heeft mijn rijbewijs gevonden. Het lag hier op de grond. Hij her-

kende mij onmiddellijk van de foto op het rijbewijs. "Zoek je dit?" lachte hij toen hij mij aan zag komen.'
Hoeveel mazzel kan iemand hebben? Het is maar goed dat we morgen vertrekken. Ik haal mijn goede humeur weer tevoorschijn, Jan start de wagen en we gaan op pad.

Het kerkje heeft vandaag de deur geopend alsof ze ons de kans wil geven om afscheid te nemen. Boven de deur, onder een reliëf, staat het jaartal 1855. Het is een dame op leeftijd en dan mag je, nee moet je, er gerimpeld en doorleefd uitzien. Een facelift zou haar geen goed doen. Het is een armoedig en hard aandoende omgeving. Zij hoort hier. We lopen naar binnen. Simpele houten banken met rechte leuningen en zonder zachte kussentjes. Ik hoop dat de diensten niet te lang duren want het zijn geen banken om lang op te zitten. De blauwe accenten aan de buitenkant gaan binnen door. De muren bladderen af. Met cement zijn de grootste plekken wat bijgewerkt. In een nis voor een raam staat een vaas met blauwe kunstbloemen en voor enkele ramen hangt vitrage. In emmers en potten groeien planten. Het is allemaal van een aandoenlijke schoonheid en dat spreekt me vele malen meer aan dan de grote protserige kerken met veel goud en grote beelden. Voor een van de ramen hangt aan de buitenkant een klok. Ik maak de koffie klaar, neem alles mee en we gaan voor de geopende deur zitten en genieten van de koffie, het eiland en de mooie tijd die achter ons ligt. We hebben nog een paar uurtjes.

Ik wandel naar de overkant en zie een waterhuisje staan. Vier kinderen zijn aan het spelen met plastic dino's en een autoracebaan. Ze zien er verzorgd uit en weten me duidelijk te maken dat ze allemaal naar school gaan, maar vandaag niet. Waarom niet? Geen idee. Veel huizen zijn ingestort en soms is het niet duidelijk of er mensen wonen. Op een ruïne staat een blauwe satellietschotel. Een vrachtwagen is half bedekt met stenen.

Naar de haaien

'We gaan naar de haaien. Aan de kust komen veel kleine haaien die goed te zien moeten zijn,' aldus Jan. 'Het zijn citroenhaaien.'

Ik vind het prima. Ik zit heerlijk en laat me graag rondrijden. Jan draait het stuur naar Shark Bay waar het druk is. Hier zijn alle reizigers te vinden. Veel bezoekers vinden dit een topattractie. De kleine haaien krijgen hier te eten en dan komen de dieren dichterbij, zodat de bezoeker mooie foto' s kan maken. Hoezeer ik de mensen een inkomen gun, dit soort dingen zijn niet aan ons besteed. Handenvol brood worden in het water gegooid.

'Nee, zo hoeft het voor mij niet,' zegt Jan en hangt zijn camera weer over de schouder.

Er worden plastic slippers verhuurd, zodat je op een veilige manier over het zand en de puntige schelpen kunt lopen. Er staat verderop een klein houten gebouwtje dat er veel aantrekkelijker uitziet. Een cementen huisje met een smalle deur waar iemand WC 1 €uro op heeft gekladderd. Aan de deur hangt een soort van katrol met een plastic fles gevuld met steentjes. Erachter staan vijf tonnen voor afval. Een houten bak op een paal, gevuld met zand doet dienst als asbak. Shark Bay heeft ons niets te bieden; wij gaan verder.

'Stop daar eens even. Wat een prachtige, verroeste bus.' De banden zijn plat, alles is groen uitgeslagen, de ramen zijn dichtgemaakt, het dak bladdert af; er gaat iets mysterieus van uit. Jan parkeert de Jimny ernaast en zo maken twee voertuigen een perfect plaatje. Het doet me denken aan de film *Into the wild* waarin een oude bus een grote rol speelt. De achterkant van de bus rust op stenen. Het nummerbord, SV-87-CQ- is weer opvallend goed te lezen. Er is aan de zijkant een klein huisje van hout tegenaan gebouwd. In vroegere tijden is hier bedrijvigheid geweest. Op een groene container zwemt een reuzenhaai voorbij. Op giga-grote houten katrollen liggen schelpen uitgestald. Ik pak een schelp op om hem te bekijken en weer neer te leggen. De schelp hoort hier thuis, ik niet.

We reizen verder en passeren een bouwvallig huis waar een was hangt en een oudere man in de deuropening staat. Op het strand liggen houten, krakkemikkige bootjes op het zand. Ze zullen zeker nog gebruikt worden. Dit in tegenstelling tot een grote houten boot aan de kant van de weg die definitief voor anker ligt. Piraten met *attitude* zorgen voor de veiligheid, lezen we op een bord. We zijn er diverse keren langs gereden en nu wordt het tijd om er eens binnen te kijken. Het is een groot restaurant waar mensen zitten te eten onder parasols van palmboombladeren. In het zand staan stoelen en tafels. We lopen een rondje en met een voldaan gevoel stappen we in onze Jimny. We hebben alles gedaan wat we graag wilden doen.

Nog één keer naar de stad, nog één keer een lekkere cappuccino drinken op ons favoriete terras.
'Dit is onze laatste. We vliegen morgen naar huis,' zeg ik tegen onze vaste serveerster.
Ze pakt me beet en geeft me een stevige knuffel. Voor een kaal en rotsig eiland heeft het land veel warmte.

Fotocopia
IMPRESSÃO

Bibliografie van Ada

Wombat midi (papieren en E-boek op www.bol.com
en www.bod.de)

In de straten van Opuwo
op reis door Namibië
Langs de Okavango
een reis door het noorden van Namibië en Botswana
De marktvrouw van Basse-Terre
op verkenning in Guadeloupe

kleintje Wombat (papieren en E-boek op
www.bol.com en www.bod.de)

De zuilen van Jerash
op reis door Jordanië (eerder verschenen onder de titel *Woes-
tijnkastelen en Stadskamelen*)
De olifanten van Botswana
met een 4x4 door Moremi en Chobe
De vissers van Tanji
op reis in The Gambia (tweede druk)
De dhows van Sur
op reis door Oman
De vrouwen van Kafountine
op reis door Gambia en de Casamance in Senegal
De muren van Kubuneh
op reis door Gambia en Zuid-Senegal
De zebra's van Namibië
De baobabs van Morondava
op reis door Madagaskar
De weg naar Tendaba
reizen door Gambia
De reigerkoning van Ganvié
op reis door Benin
Speciaal kleintje Wombat

Reizen en Schrijven, 2021
Alles over het schrijven en uitgeven van je eigen (reis)-
boek.

Wombat reisboeken (te bestellen via
info@boekenplan.nl)

Starende beelden op Rapa Nui
een reis van Paaseiland naar Peru
Ghana… een reis op het ritme van de drums
Tweede, herziene druk
In Namibië
kampeerreizen door het leegste land van Afrika
In het Duits verschenen als ***In Namibia***
Myanmar
reizen door het Gouden Land (eerder verschenen als
Myanmar… op blote voeten door het Gouden Land). Is
als tweede druk geheel aangepast.
De drums van TIMKAT
een reis door Ethiopië
In Boeddha's schaduw
een reis door China en Tibet

Op https://www.adarosman.nl/uitverkochte-boeken/ een
lijst met titels die alleen tweedehands te verkrijgen zijn.

In de serie **Twee vrouwen Twee reizen**

Anika Redhed & Ada Rosman-Kleinjan

JORDANIË
OMAN

KAAPVERDIË

Kaapverdië of de Kaapverdische Eilanden, officieel de Republiek Kaapverdië, is een land dat bestaat uit tien eilanden van vulkanische oorsprong. De eilanden liggen voor de westkust van Afrika in de Atlantische Oceaan. De officiële naam is echter *Ilhas de Cabo Verde* (Eilanden van de Groene Kaap) en is zo genoemd vanwege de ligging van de eilanden ten opzichte van de Kaap Verde (Groene Kaap), het westelijkste punt van het Afrikaanse vasteland in Senegal. De Nederlandse naam is daarvan een gedeeltelijke vertaling. Kaapverdië was onbewoond totdat in 1460 de Portugezen kwamen. In 1587 werd de eilandengroep een kolonie van Portugal. De eilanden waren van wezenlijk belang voor de slavenhandel. De bevolking van Kaapverdië is een mix van Portugese kolonisten en Afrikaanse mensen die tot slaaf zijn gemaakt. Op 5 juli 1975 werd Kaapverdië onafhankelijk van Portugal. Er wonen meer Kaapverdianen in het buitenland dan op de eilanden. In Rotterdam woont een grote Kaapverdiaanse gemeenschap.

Sao Vicente
Santa Antao
Santiago
Sal
São Nicolau
Foyo
Maio
Santa Luzia (onbewoond)
Boa Vista
Mindelo

Ben je na het lezen van dit boek, of na het lezen van een van mijn andere boeken nieuwsgierig geworden naar meer verhalen? Kijk op **www.adarosman.nl** voor lezingen die door Jan worden gegeven. Ook vind je op deze site alle informatie over mijn boeken. Een paar keer per jaar komt er een Wombat-nieuwsbrief uit met de laatste info over onze reizen, mijn boeken, Jan zijn lezingen en leuke tips voor reizigers en/of lezers. Stuur een mail en je naam wordt op de lijst gezet.

Op Instagram vind je mij als **ada.rosman.kleinjan**. Op Facebook plaats ik op de pagina **Wombat reisboeken** elke dag een mooie foto
Tijdens onze reizen kun je ons volgen via Polarsteps, zoek dan op Jan Rosman. Hij plaatst daar, als het lukt, dagelijks foto's. Ook leuk voor de liefhebber van routes, afstanden en andere feitjes. Ik plaats tijdens het reizen regelmatig een blog op mijn website.

Reageren? Wat vragen? Gesigneerd boek bestellen? Sommige titels heb ik zelf op voorraad. Interesse in een boeiende lezing? Foto-expositie? Wij hebben tientallen, ingelijste foto's beschikbaar voor exposities.
Ik hoor graag van je.

Ada Rosman-Kleinjan * reizen en schrijven
e info@adarosman.nl
www.adarosman.nl
KvK Enschede 0818953

* Lezers kunnen op geen enkele wijze rechten ontlenen aan de informatie zoals die is beschreven in dit boek.